U0097988

創作&評論集

Ong Iok-tek

王育德著

邱振瑞 等譯

總序

日本昭和大學名譽教授 黃昭堂

轉瞬間，王育德博士逝世已經十七年了。現在看到他的全集出版，不禁感到喜悅與興奮。

出身台南市的王博士，一生奉獻台灣獨立建國運動。台灣獨立建國聯盟的前身台灣青年社於一九六〇年誕生，他是該社的創始者，也是靈魂人物。當時在蔣政權的白色恐怖威脅下，整個台灣社會陰霾籠罩，學界噤若寒蟬，台灣人淪爲二等國民，毫無尊嚴可言。王博士認爲，台灣人唯有建立屬於自己的國家，才能出頭天，於是堅決踏入獨立建國的坎坷路。

台灣青年社爲當時的台灣人社會敲響了希望之鐘。這個以定期發行政論文化雜誌《台灣青年》，希望啓蒙台灣人的靈魂、思想的運動，說起來容易，實踐起來卻是非常艱難的一椿事。

當時王博士雖任明治大學商學部的講師，但因爲是兼職，薪水寥寥無幾。他的正式「職業」是東京大學大學院博士班學生。而他所帶領的「台灣青年社」，只有五、六位年輕的台灣留學生而已，所有重擔都落在他一人身上。舉凡募款、寫文章、修改投稿者的日文原稿、校正、印刷、郵寄等等雜務，他無不親身參與。

《台灣青年》在日本首都東京誕生，最初的支持者是東京一帶的台僑，後來漸漸擴張到神戶、大阪等地。尤其很快地獲得日益增加的在美台灣留學生的支持。後來台灣青年社經過改組為台灣青年會、台灣青年獨立聯盟，又於一九七〇年與世界各地的獨立運動團體結合，成立台灣獨立聯盟，以至於台灣獨立建國聯盟。王博士不愧為一位先覺者與啓蒙者，在獨立運動的里程碑上享有不朽的地位。

在教育方面，他後來擔任明治大學專任講師、副教授、教授。在那個時代，當日本各大學猶尙躊躇採用外國人教授之際，他算是開了先鋒。他又在國立東京大學、埼玉大學、東京外國語大學、東京教育大學、東京都立大學開課，講授中國語、中國研究等課程。尤其令他興奮不已的是台灣話課程。此是經由他的穿梭努力，首在東京都立大學與東京外國語大學開設的。前後達二十七年的教育活動，使他在日本眞是桃李滿天下。他晚年雖罹患心臟病，猶孜孜不倦，不願放棄這項志業。

他對台灣人的疼心，表現在前台籍日本軍人、軍屬的補償問題上。這群人在日本治台期間，或自願或被迫從軍，在第二次大戰結束後，台灣落到與日本作戰的蔣介石手中，他們既不敢奢望得到日本政府的補償，連在台灣的生活也十分尷尬與困苦。一九七五年，王育德博士號召日本人有志組織了「台灣人元日本兵士補償問題思考會」，任事務局長，舉辦室內集會、街頭活動，又向日本政府陳情，甚至將日本政府告到法院，從東京地方法院、高等法院、到最高法院，歷經十年，最後不支倒下，但是他奮不顧身的努力，打動了日本政界，於一九八六年，日本國會超黨派全體一致決議支付每位戰死者及重戰傷者各兩百萬日圓的弔慰金。這個金額比起日本籍軍人得到的軍人恩給年金顯然微小，但畢竟使日本政府編列了六千億日幣的特別預算。這個運動的過程，以後經由日本人有志編成一本很厚的資料集。這次【王育德全集】沒把它列入，因爲這不是他個人的著作，但是厚達近千頁的這本資料集，很多部分都出自他的手筆，並且是經他付印的。

王育德博士的著作包含學術專著、政論、文學評論、劇本、書評等，涵蓋面很廣，而他的《閩音系研究》堪稱爲此中研究界的巔峰。王博士逝世後，他的恩師、學友、親友想把他的這本博士論文付印，結果發現符號太多，人又去世了，沒有適當的人能夠校正，結果乾脆依照他的手稿原文複印。這次要出版他的全集，我們曾三心兩意是不是又要原封不動加以複印，最後終於發揮我們台灣人的「鐵牛精神」，兢兢業業完成漢譯，並以電腦排版成書。此書的出版，諒是全世界獨一無二的經典「鉅著」。

關於這本論文，有令我至今仍痛感心的事，即在一九八〇年左右，他要我讓他有充足的時間改寫他的《閩音系研究》，我回答說：「獨立運動更重要，修改論文的事，利用空閒時間就可以了！」我眞的太無知了，這本論文那麼重要，怎能是利用「空閒」時間去修改即可？何況他哪有什麼「空閒」！

他是我在台南一中時的老師，以後在獨立運動上，我擔任台灣獨立聯盟日本本部委員長，他雖然身爲我的老師，卻得屈身向他的弟子請示，這種場合，與其說我自不量力，倒不如說他具有很多人所欠缺的被領導的雅量與美德。我會對王育德博士終生尊敬，這也是原因之一。

我深深感謝前衛出版社林文欽社長，長期來不忘敦促【王育德全集】的出版，由於他的熱心，使本全集終得以問世。我也要感謝黃國彥教授擔任編輯召集人，及《台灣—苦悶的歷史》、《台灣話講座》以及台灣語學專著的主譯，才能夠使王博士的作品展現在不懂日文的同胞之前，使他們有機會接觸王育德的思想。最後我由衷讚嘆王育德先生的夫人林雪梅女士，在王博士生前，她做他的得力助理、評論者，王博士逝世後，她變成他著作的整理者，【王育德全集】的促成，她也是功不可沒。

序

王雪梅

育德在一九四九年離開台灣，直到一九八五年去世爲止，不曾再踏過台灣這片土地。

我們在一九四七年一月結婚，不久就爆發二二八事件，育德的哥哥育霖被捕，慘遭殺害。

一九四九年，和育德一起從事戲劇運動的黃昆彬先生被捕，我們兩人直覺，危險已經迫近身邊了。在不知如何是好，又一籌莫展的情況下，等到育德任教的台南一中放暑假之後，育德才表示要赴香港一遊，避人耳目地啓程，然後從香港潛往日本。

一九四九年當時，美國正試圖放棄對蔣介石政權的援助。育德本身也認爲短期內就能再回到台灣。

但就在一九五〇年，韓戰爆發，美國決定繼續援助蔣介石政權，使得蔣介石政權得以在台灣苟延殘喘。

育德因此寫信給我，要我收拾行囊赴日。一九五〇年年底，我帶着才兩歲的大女兒前往日本。

我是合法入境，居留比較沒有問題，育德則因爲是偷渡，無法設籍，一直使用假名，我們夫婦名不正，行不順，當時曾帶給我們極大的困擾。

一九五三年，由於二女兒即將於翌年出生，屆時必須報戶籍，育德乃下定決心向日本警方自首，幸好終於取得特別許可，能夠光明正大地在日本居留了，我們歡欣雀躍之餘，在目黑買了一棟小房子。當時年方三十的育德是東京大學研究所碩士班的學生。

他從大學部的畢業論文到後來的博士論文，始終埋首鑽研台灣話。

一九五七年，育德爲了出版《台灣語常用語彙》一書，將位於目黑的房子出售，充當出版費用。

育德創立「台灣青年社」，正式展開台灣獨立運動，則是在三年後的一九六〇年，以一間租來的房子爲據點。

在育德的身上，「台灣話研究」和「台灣獨立運動」是自然而然融爲一體的。

育德去世時，從以前就一直支援台灣獨立運動的遠山景久先生在悼辭中表示：「即使在你生前，台灣未能獨立建國，但只要台灣人繼續說台灣話，將台灣話傳給你們的子子孫孫，總有一天，台灣必將獨立。民族的原點，既非人種亦非國籍，而是語言和文字。這種認同，最具體的證據就是『獨立』。你是第一個將民族的重要根本，也就是台灣話的辭典編纂出版的台灣人，在台灣史上將留下光輝燦爛的金字塔。」

記得當時遠山景久先生的這段話讓我深深感動。由此也可以瞭解，身爲學者，並兼台灣獨立運動鬥士的育德的生存方式。

育德去世至今，已經過了十七個年頭，我現在之所以能夠安享餘年，想是因爲我對育德之深愛台灣，以及他對台灣所做的志業引以爲榮的緣故。

如能有更多的人士閱讀育德的著作，當做他們研究和認知的基礎，並體認育德深愛台灣及台灣人的心情，將三生有幸。

一九九四年東京外國語大學亞非語言文化研究所在所內圖書館設立「王育德文庫」，他生前的藏書全部保管於此。

這次前衛出版社社長林文欽先生向我建議出版【王育德全集】，說實話，我覺得非常惶恐。《台灣—苦悶的歷史》一書自是另當別論，但要出版學術方面的專著，所費不貲，一般讀者大概也興趣缺缺，非常不合算，而且工程浩大。

我對林文欽先生的氣魄及出版信念非常敬佩。另一方面，現任教東吳大學的黃國彥教授，當年曾翻譯《台灣—苦悶的歷史》，此次出任編輯委員會召集人，勞苦功高。同時，就讀京都大學的李明峻先生數度來訪東京敝宅，蒐集、影印散佚的文稿資料，其認眞負責的態度，令人甚感安心。乃決定委託他們全權處理。

在編印過程中，給林文欽先生和實際負責編輯工作的邱振瑞先生以及編輯部多位工作人員造成不少負荷，偏勞之處，謹在此表示謝意。

二〇〇二年六月 王雪梅謹識於東京

目次

書評……195

小說

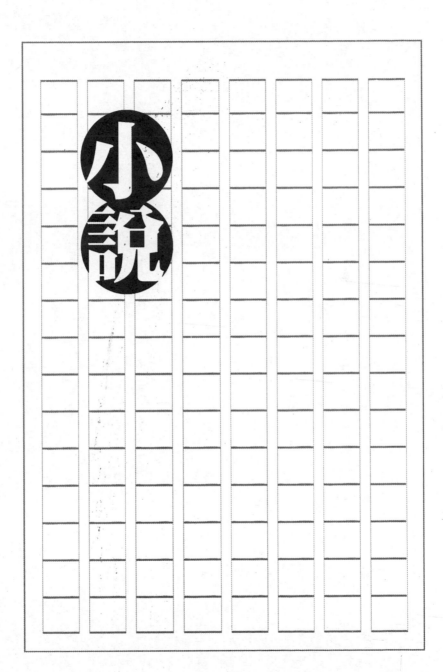

過渡期

台灣南部的夏季，天亮得很早。深夜南下的列車到達嘉義站時是清晨五點半，天色卻已經泛白了。

冒著黑煙、呼呼作響拖曳著長長車廂的火車頭，像一頭野獸奔馳在恐怖的黑暗中，也似因察覺到黎明已至而興奮得直喘粗氣，這聲響，連後方的臥鋪車廂都聽得到。

「牛奶，牛奶，便當……」

在晨霧中穿梭的戴藍帽的小販尾聲裊繞地喊道。他心想是否買一瓶牛奶喝喝，可是再想到回家後什麼都有得吃時，便打消了念頭。他不再追索戴藍帽的小販身影，視線停留在寫著「**新高阿里山登山口**」的霓虹燈廣告板上，不由得在心中直喊：一切都沒改變啊。

雖然大學的暑假比預期來得早，但他一接到父親的快信，便提早離開日本了。這天早晨正是他衣錦榮歸、充滿希望的日子。

這個功成名就的年輕人黃文賢，因爲即將踏上父母等待的故鄉而興奮不已，當火車好不容易到達台中站時，他已從朦朧的睡意中睜開了眼睛。雖然距離台南還有一半路程，但他已按捺不住，小心翼翼地從三等臥鋪的上鋪下來，馬上打開車窗，把整個頭探出冷冽的窗外。台灣的炎熱是衆所皆知的，不過深夜卻仍有一些寒意，使人聯想起日本的初春氣息。

隨著朝陽升上東邊的山巒，南部的景色逐漸擴展開來，這景緻和他在台北讀高校回鄉時的感受不同。大概是他在日本生活的緣故吧。已經二十二歲的文賢，猶孩子般地心神不寧，莽莽撞撞來到靜悄悄的洗手間，梳整著長長的頭髮。

「這火車眞是慢吞吞……」

他向來深愛台灣的一切，至今也沒有忘情，即使如此，他還是動起肝火自語著。若是來自日本的觀光客，這時候一定會異口同聲地說：「簡直像水牛拖車嘛！」

不過，他到底還是忍住這句話了。

從嘉義到台南只區區五十公里，由於單線通車，即使快車也得等北上的載貨列車十五分鐘。

載貨列車一過，火車好不容易又開動了，可是沒多久又停下了。原來是停靠在新營站。接著停靠的是番仔田站，二十分鐘後就要進入台南站了。

「爲什麼要停那麼多站呢？那種小站通過就好了嘛！」

文賢不耐煩地嘮叨了一句。不過，這次列車很快就開動了，他重又提起精神，如先前那般靠在西側，心情雀躍了起來。因爲即將映入眼簾的故鄉風光，是位於市鎮北邊令人懷念的中學校舍。不久，母校那幾棟紅磚建築物從兵營區的樹梢間浮現出來。正當他心想學校大概是被官舍區遮擋住之際，火車已經進站了。

「台南，台南……」

車站的擴音器頻頻傳來無精打采的廣播聲。

這時不必去找家人，已經有一群人往這裡走來，這麼多人迎接一個學生，是有點太隆重了。

前來接風的是文欽兄嫂及文雄。文賢立刻就看見他們，趕緊走下車廂的踏板，站在月台上。

「文賢，你回來了！」

文欽對出人頭地的弟弟打了聲招呼，再次打量著文賢。

他面帶羞赧地摸著頭說：

「謝謝你們來接我，連嫂嫂也專程來了，眞不好意思。多桑還好嗎？母親呢？」

「多桑一早就起床等得不耐煩了。我媽媽還是老樣子，不喜歡外出。」

「那太好了，沒有比身體健康更重要的了。」

文欽和文賢一邊聊談，一邊把行李交給女傭和車伕，並肩走向了出口。文欽的妻子阿娥和文雄則跟在後面。

在台南市提到黃國松，誰都知道他是有名望的人士。他有三位公子，長子文欽中學畢業之後，沒考上高商。與其說他是因長子的緣故才繼承家業，不如說他是因厭倦求學。文賢和文欽、文雄是同父異母所生，生母阿惠在他唸公學校時死了，之後他就遠離家門到外地讀高校、大學。他只有更加努力，以慰藉亡母的在天之靈。

「一個家庭有兩個母親不是很奇怪嗎？」

在文賢寄宿的地方，只要跟他親近的人都會這樣問他。每次被問及這樣的問題，他都近乎神經麻痺地以一種自卑的微笑敷衍過去，儘管他在少年時代曾爲自己有兩個母親的事感到驚疑，但如今他只有微笑地回想當時的純眞。文賢認爲，母親在醜陋的爭鬥中死去，及早逃離痛苦之地，反而是一種解脫了。事實上，除此之外也別無他法。有時他也會想，他要是結婚，一定會貫徹一夫一妻的道德標準，如今他對這種執著於簡單道理的自己，半是憐憫、半是自嘲。儘管如此，直接的責任者——父親黃國松，顯然對母親的競爭對手，也就是文欽的母親沒有憎惡之意。這應該源自於偉大的造物主所創造的「死心」這種東西，因爲世上的任何一項東西都有它存在的必要。出生在這種奇特的大家庭，環境本身就是一種無可奈何。到了我們的時代，若誰都不納妾的話，問題自然就迎刃而解了——等到有這個結論之時，也就沒有什麼不可原諒的了。小時候經常和文欽打架的往事，至今想來也是愉悅的，其實，黃家同父異母的兄弟比起別家的感情來得融洽。國松時常出人意料地用一種有別於商場交易的沉靜口吻說：「你們兄弟能和睦相處，我最欣慰了，眞得感謝神明啊！」

每次，他們兩人總是默默且面無表情地互視對方。

譬如說，像今天早上文欽就特地前來迎接文賢，文賢比文欽小一歲，但飽讀詩書顯現出來的威嚴，反使文賢倒更像哥哥了。跟在後面的阿娥因爲知道這種關係，略帶羨慕之情和自卑，直凝視著小叔文賢的背影。

「生意做得怎樣？」

「嗯，還過得去啦。」

對於弟弟突然的提問，文欽有些不快地撇著嘴。國松也曾告誡過他這種模糊、冷淡、樂天的態度。文賢想起了父親的來信。

「可是多桑說，你的生意做得不順利？」

文欽對自己的經營領域遭到觸犯，立即動怒說：

「多桑老是哀聲載道生意困難什麼的，他就是這個壞毛病。上半年的總結算一點也不差，可以說還有賺呢！」

「⋯⋯⋯⋯」

文賢無言以對。他對事先沒查明狀況的冒失之舉感到後悔，不過，聽他這麼一說，總算安心了。

正如古諺所說「粒粒皆辛苦」。對好不容易才有如今成就的國松來說，日後即將繼承他事業的文欽，消極、散漫的性格是他唯一的遺憾。因爲國松對自己辛苦所創的基業有所堅持與偏愛。他們父子之間重覆出現的爭論已不稀奇，連偶爾回家的文賢也認爲父親是對的。文賢客觀地判斷，文欽不僅和國松態度對立，即使在同輩人的競爭中也會落伍的。

家庭的規模像這樣擴大起來，就會有不同的成員混雜進來，家庭的概念也和一般有所背離。因此，家庭本身就成了一個濃縮的、在某種意義上是被擴大的「社會」。文賢雖然是其中的一份子，卻不被任何人干涉，對家庭內的許多事都能保持客觀的、事不關己的態度，這一定無法被一般家庭的人所接受的。如果生母阿惠還活著的話，肯定不會允許文賢這種旁若無人的剛直行爲吧。因爲到頭來不論從哪方面來說，都是不被看好的。但是年輕的文賢卻樂於現在的身份。雙方都像拉攏中立國一樣地對他哭訴，剛開始文賢還非常爲難，等他突然發現自己竟冷漠得令人生厭時，卻無由地害怕起來，勉強地要求自己，無論如何也得同情他們不可。

毫無疑問的，帶領這家大店的是文欽。文賢認爲，他現在能爲家中的經濟有點直接貢獻的，就是用他的理論徹底讓文欽自覺並意識到他的義務。雖然文欽對剛回來的弟弟和父親同一個鼻孔出氣感到厭煩，但並沒有自覺到本身的立場。

某某大學法學系學生這個頭銜不起任何作用。即使父親傳遞給他的是悲觀而誇張的訊息，他也沒有可以反駁的實證，即使哥哥對他撒的謊一眼便可看穿，他也做不出任何反問。對文賢來說，抱怨自己尚未走入社會可能比較容易釋懷吧。

出了車站，映入眼簾的是道路兩旁鳳凰木鮮紅的花朵。坐奇才拉的人力車穿過林蔭花道先一步到家，也是文賢的樂趣之一。

「阿賢少爺，您好氣派！」和文賢頗有私誼的奇才用剛學會的國語（日語）對文賢說。爲了讓坐在後面的文賢能夠聽到，他說得很大聲。

「是嗎？你怎麼樣，做得還好嗎？」

他每次都會思考奇才這個奇妙名字的由來。至今，每當一坐上他的車，搖搖晃晃走同一條路時，他就當是消磨時間去想它。然後他得到一個早已知道的、理所當然的結論——他的父母是很有趣的人。

「您爲什麼不當醫生呢？」

「醫生呀，怎麼連你也這麼說。」文賢從興奮中一下子清醒過來。「醫生已經不是什麼流行的了。」

「哦。」

在台灣無識的大衆眼裡，商人、醫生、官吏是流行的職業，這也是事實。

「阿賢少爺，您當法官吧。那時候我就給您拉車，可以嗎？」

「哈哈哈……」

文賢在車上不由得笑出聲來。父親說奇才這個人已經不好使喚，要找人替代，他卻還一無所知地說這些殷勤的話。

「爲什麼你說當法官比較好？」

「這樣一來，朋友們會尊重我，很有派頭。沒有比這更神氣了。」

有權人人敬畏，無權則無人看你一眼。一想到這些大衆的惡品行，沒見識的奇才的話使他的笑臉僵硬了。

「嗯，當法官也可以呀！不過，那時候你在我家還有頭路嗎？」

「我很認眞的工作，可是頭家都不知道，店裡的那些傢伙也嘲笑我，沒有人承認我的辛苦。」

「怎麼會呢？好吧，那我暑假期間會好好觀察，如果眞是如此，我會跟父親講。」

在和奇才的對答中，文賢已隱約感受到現在要回去的那個家的許多暗示。

面對亭仔腳，是一間大約十公尺左右的大店面，連房子的木頭紋路都帶著紅褐色，讓人聯想起其悠久的歷史。住在院子最深處的前樓的二十幾口人都稱這個店口爲「舊道」。前樓和中樓、後樓都是古式的建築，在已開發的市中心保留著典型的昔日建築風格。

從店口進去，穿過漂亮的花崗石鋪設的前庭，踏入正廳，右側的大房間是父親的。地面鋪著綠色地毯，是異於東方風格的西式房間，時常可以看到穿著鞋子前來求助的親戚們在上面走來走去，半恭維地感嘆說，一個六十歲的老人住這樣的房間實在太過風雅了。今天早上，國松特別早起，在沙發上握著水煙管叭嗒叭嗒地吸著，還一邊用另外一隻手接著煙灰，以免掉到地毯上。

急急忙忙走向大廳的文賢，掀起房門的布簾，知道父親在裡面後，等不及坐下來解開鞋帶，就一腳跨進房間了。

「哈哈，回來了。哈哈哈。」國松心情愉快地招呼著兒子，紅光滿面的臉更紅了。

「多桑，我回來了。您已經起來了！」

「當然！不起來怎麼可以呢？早飯前要處理的事情可一大堆呢。」國松先顯露出他的意氣風發，然後又說：

「我頭痛，很早躺下也睡不著。才剛剛睡著，他們準備早點的聲響又太吵，給弄醒了。」

這算是老人的牢騷。文賢把話題岔開：

「今天早上兄哥夫婦來接我，眞是讓我不敢當。」

「你知道我一向不去接送晚輩的。所以才叫文欽去，今天是你凱旋歸來，是黃家應該慶祝的日子。」

「阿母還在睡嗎？」

「應該是吧。她每天晚上走來走去到十二點多，也不知道在做些什麼。她要早上吃飯的時候才會下來。」國松看著天花板，有點不悅地說。

即使不是自己的親生兒子，也該體貼一點來迎接一下吧，再怎麼說，這也是黃家全體的榮耀呢——父子倆想著同樣的事情，互相看了一眼。但對文賢的成功最不是滋味的就是文欽的母親阿嬌。看著文賢年年長進，不滿和嫉妒讓她變得歇斯底里，而且常常因此咒罵文欽和文雄。

文欽的妻子有時忍不住，會替丈夫說上兩句。這時連一直把「父母之命不可違」的金科玉律強加於自己小孩身上的國松，雖然不開口，卻在心中暗自竊喜。

「文欽雖是無用之人，不過，他分辨得出他母親的話而不致盲從，總算還好，另外也不去嫖妓，就這兩點可取之處。除此之外全都不行。」

國松自豪：這麼大的家，沒有一個人是我這個老人的對手。他的這種優越感，在他對文欽的勝利得到文賢承認後愈加高漲。文賢想起了《漢書》中的一句話：「矍鑠哉此翁也。」

「這麼急把我叫回來，有什麼事情嗎？」

「啊，對了。因爲市鎮擴大之需，阿惠的墓必須遷移，而且期限只有二十天。」

「眞的嗎？」

「當然是眞的。離最後期限只有四五天而已。之前我還懷疑你趕得上趕不上呢，如今能夠趕上，實在太好了。」

「嗯——」文賢靠在椅背上，喘了一口氣。

「應該說是不幸中的大幸吧。至少有你一起照會，阿惠也會高興吧。」

「那是當然。」

「……埋定又遷墳，自古以來是很忌諱……但是這也沒辦法呀，文賢。」

「………」

父子倆各想各的事，一時無話。因爲國松心裡已有打算，所以他邊吸著菸，邊笑嘻嘻地看著文賢等他問話。

「您說只有我們家遷墳嗎？」文賢語帶不解地問。

「當然不止我們家。那一帶大概有兩三千戶吧。」

國松告訴他有很多人跟他們遭遇同樣的事，藉此安慰兒子。可是被文賢大聲叫：「那麼多！」嚇了一跳。

「過去，你提起阿惠的事就像你的第二條命似的，沒有跟你商量的話，我想有點對不住你。」

文賢動了動身子，彷彿在說這是理所當然的事。

「有人領走的骨骸大半都移埋了，能撿的就是一些零散的骨頭，找不到的，就任憑挖毀了。」

文賢從鏡子中看到嘆氣的自己。他振作精神回答父親：

「還算好，正好趕得上。」

現在，只要能趕上就心滿意足了。原來千里迢迢把他從東京叫回來，爲的就是這件事。在誇耀「衣錦還鄉」之前，是有很多事情等著他這個知識份子去愼重考慮的。對藉由亡母阿惠的關係而認爲神是普遍存在的文賢而言，連最神聖的墓都被當作無用的東西，不管是多麼表象的問題，都意味著自我的損毀。

「日期訂在明後天，今天下午我們一起去看看預定地吧。是我做主意的，你可以順便去參拜一下先祖的新墓。」

「好啊，一起去吧。」

「阿惠的墓的起工和下坑的時間稍後再說。」

「那些事情——」

正要起身的國松終於按捺不住地大聲斥責文賢，又重新坐了回去。

「說什麼傻話！上到大學的人了還這麼不懂道理。——別人都說我很體諒，也都當『保正』了，絕對不是不明理，所以不會盲信的。」

（當保正是這麼榮譽的事嗎……）這時文賢感到有些輕蔑。

「但是，我不會去做被你們瞧不起的事。」父親平靜的聲音如雷聲般在他心裡響起。

「你好好想想吧。我是生意人，對於如何花錢，會算得比你們細緻。現在我們家只有支出沒有收入。遷墳的事，又得花上一千圓呢。」

「一千圓？」

「嗯，總要那麼多吧。說真的，我很心疼。但是，代代相傳的習俗如到我這一代破壞的話，對不起祖先，而且我覺得那樣會遭天譴，所以我做不到。口頭亂說誰都會，可是古早人就說要替別人的立場設想，一點也沒錯。只要在能力範圍內，花多少錢我都會遵循古禮。我想這也是孝道嘛。……不過，現在時勢不如從前了。」

本來打算挖苦一下兒子的國松，說到這裡，連自己都有點悲天憫人起來，語氣也軟了許多。

「我知道了。」文賢同情起父親來，想說點我會幫忙之類的話，可是一句安慰的話都想不出來，他覺得自己真是悲哀。這時女傭端著燕湯靜悄悄地走進來了。

「這東西可不常有的哦！是我好不容易才弄來的。」

好像要消除這種悲傷氣氛似的，國松語氣昂奮地向文賢推薦。他自己似乎也很滿足地悠悠拿起湯匙。吃完後，他說：「我去店裡了。店裡那些傢伙好像高等官員一樣，磨磨蹭蹭的才來上班。最近的年輕人不同以往，越來越不好使喚了。」

他走出房間。剩下文賢一個人一邊啜著燕湯，一邊沉思著，眼神有些可怕。

日本──台灣、父親──自己，這四者應該如何連結呢？

傍晚，文賢換上大學的教練服，綁上綁腿，騎著腳踏車跟父親出門了。

「傍晚很涼呢。晚飯之前我們應該能回來。」坐在車上的國松摸著他的八字鬍，悠閑地說。

市政府的公共墓地在大南門外一個叫圓山的地方，正如字義，圓山是一個緩圓的小山丘。隨著台南市的發展，原本的城門已變成廣播局前院的一部分，洶湧的歷史洪流也不容分辨地湧到圓山這個地方。山丘正好趕上市政府的發展方向，借用人們的話說，是它「歹運」。

圓山離市中心很偏遠，這一點可以從附近聞名的五妃廟得到見證。因爲品性高潔的五妃一定不會把她最後的縊死之地選在塵囂中。

父子倆的左邊就是五妃廟，他們眺望著廟的屋簷，來到了沙丘。勤勞奉公隊的青年團正饒富興味地看著人力車從他們的人群中鑽了過去。

這個山丘叫做汐見岡。站在最上面，西面一望無際的鹽田也盡收眼底。從一鯤身一直蜿蜒到七鯤身的木麻黃樹林，分界出被稱爲內海的銀波蕩漾的台灣海峽，太陽在海上像一個火球般一直下沉，看著這一切，就像欣賞一幅畫，被一種南國情調所深深打動。不過，在現在這種緊張的時局中，這也僅僅是一些浪漫的心靈休憩。因爲在腳下運礦的推車轟轟奔走著，夾雜著汗垢的勞動已經持續好幾天了。奇才拉著車，小心地在他們中間穿梭而過。文賢也下車推他的腳踏車。

往北又走了十町（一町等於一〇九公尺），他們來到一棵可三人合抱的大榕樹下。正在此時，谷底的火葬場的煙囪直直冒起了一股輕煙。這些工人早已習慣了「死人」這種東西，每當他們看到這股黑煙便直起腰，而正在走路的人則抬起頭，漫無對象地叫起來。

「嗳唷！又個燒死人啦！」

更讓人頭皮發麻的是，片刻過後，煙囪裡的煙就著魔般咻地消散了。

「嗳呀！燒一個變骨頭粉去啦！」

他們每日總是如此念念有詞，然後歪頭想著：爲什麼要在暮色籠罩的傍晚燒死人？燒「紙厝」給陰間的死人，應該是自古以來台灣社會普遍的觀念。但這兩三年來，由於獎勵火葬和葬禮簡化運動，這種觀念被根本地動搖了。這次遷墓和縮小公墓就是讓裹足不前的人去接受這個事實。最後的法會結束之後，所燒掉的衣服和紙厝在陰間會變成跟我們陽世一般華貴的衣服和房子，在當世無法達成的願望——富裕和高貴——得以在那個世界實現吧。或許這就是他們對冥府的觀念。可是藉由製作一些華麗的紙厝給別人看，也可滿足做子孫的虛榮心。但不容忽視的是，這個行爲也等同於冒瀆死人。

如果紙糊的洋樓能變成木頭的話，那麼冥府裡一定存在比美國更美麗的城市。小孩們好不容易才知道美國這個地方，對做這些無聊事情的老人而言，卻戒愼恐懼。過去的文賢也是如此。

在榕樹下停妥車子，國松帶頭沿著山崗的一條小路往下走去。種有榕樹的山崗和新公墓之間有一個山谷。因爲排水不好，如果接連兩三天下雨，河水就會漲得很高。曾經有好幾次，墓都泡了水。而在風雨交加的晚上，文賢就常常聽到父親擔心祖先的墓是否無恙。這使得文賢也感懷在心。

山鳩咕咕地發出不祥的叫聲，飛過他們一行人的頭頂。文賢想起自己小時候去公學校取粘土的時候，每次經過這棵榕樹下，都會看到大人用獵槍射殺山鳩的情景。而且和朋友一起穿過墓地時，有時一會兒從草叢裡鑽出蛇來，一會兒又不知道從哪裏滾出一個骷髏來，他們總是哇哇地尖叫著逃開了。現在連這些可以讓他緬懷過去的東西都沒有了。

原本應該靜寂的墓地，白天卻因熱鬧的葬禮音樂而吵鬧不已。人們在金紙銀紙旁供上香，把牲禮放在籠裡，前來吊唁的行列嘰嘰喳喳地穿越其中。一度從巷裡消失了的風水師被鄭重地請了出來。因爲缺少材料而一直陷在不景氣中的泥水匠師傅帶著徒弟一起上工，他請人備好了磚頭和水泥，正歌頌著天賜的工作給他們帶來了新生。眞是造化弄人，永遠安眠的亡者突然聽到頭頂上傳來的鍬鏟聲，應該會嚇一大跳吧。

「多桑，我聽阿嬌阿母說當初挖阿媽的墓時，是把棺材撬開撿骨的，眞有這種事嗎？」文賢一副打破沙鍋問到底地問父親。

「啊，是這麼回事。阿媽的棺木是我四十二、三歲的時候買給她的。所以已經有十八九個年頭了。本來以爲已經變成骨頭了……」

「那，後來呢？」

「頭髮、衣服都還很完好，肉都還在。兩個工人用抹刀削刮，眞是叫人慘不忍睹。」

「眞的？」

「以前的東西品質什麼都好。比如棺材的木質堅硬，洋灰也鋪得很厚，『陰身』才能那麼完好。」

這樣的舉動，要是在稍早的過去一定會背上盜墓的罪名，文賢想起了過去父親跟他提及清國時代的重刑。

「不過，說老實話，這一帶還眞的不錯……」

被勾起事業心的國松用手指著說。

「是啊，把它弄成墓地永遠就碰不得了，實在有點可惜。」

「從前的人一定是選最好的土地來做祖先的神聖墓地。因爲祖先葬在稍高的通風良好的山丘，可以俯瞰子孫並庇佑他們。」

「有道理。」

「可是，台南市卻無論如何要向南邊發展。從前是因爲過於重視墓地的神聖，或者恐懼民衆反感而裹足不前。現今卻說它是陋習、迷信。不過像現在這樣的果斷力行，反而讓人容易死心。」

商人雖然執著甚深，但放棄得也快。比起嘆息自己的無能爲力，國松的話語夾雜著更多爽朗的笑聲。就像有人走路時不小心踢到石頭，起先總會對陌生的石頭很惱火，可是在走一陣子後，反而會對踢到石頭而生氣的自己覺得可笑。

但被命令要撤去祖先墳墓和寺廟重新整理又有所不同了。寺廟是公共的，正因爲如此，可以和大家一起分擔所造成的麻煩和悲嘆的情緒。可是現在，連做一個自己死後能不覺得寒酸的墓地這個希望也破滅了。而且接著，還得操煩祖先親屬的問題。

溪流兩岸有兩三座墳墓被水沖刷，造成墓庭嚴重傾斜。

「你看，子孫是不是長進，看這個就知道了。我的生活開始好轉後，第一件事就是先修你阿公阿媽的墓，接著修你媽媽阿惠的，我是想盡最大的努力盡孝心的。」

「多桑，那你覺得土葬和火葬哪一個比較好呢？」

國松想阻止兒子這種不禮貌的說法。但是還沒來得及出口，已被擊中要害。

「…………」國松的挫折感好不容易平復下來，除了沉默，不知道該如何回答。

文賢也意識到自己的魯莽，只有掩飾般地假裝振作地說：

「多桑，不要緊的，我一定會振興黃家給你看的。顯揚父母名聲。」

國松終於得到拯救般地點了點頭。

渡過溪流上到高坡就是新公墓。有一個賣汽水和鳳梨的老人坐在入口處。

摒息一看，盡是形形色色的新墓，有的只豎著墓石、有的還沒有堆土，各種顏色的墓石形狀奇特，彷彿急著跟別人區分似的。

墓地被分隔成一塊一塊，如棋盤格子狀。其實位於東南角的黃家墓地走哪一條路都通，可是文賢跟在父親後面繞了好幾次轉角而感到厭煩。道路兩旁有尚未被裝入骨罈的骷髏，用朱丹描畫著恐怖的眼窩，就這樣以棉布包著被放在石頭上。不過，文賢已不像過去那樣害怕了。

「這裡就是了。」

國松來到一處幾乎已經完工的新墓前。跟文賢很熟識的泥水匠師傅和徒弟正在爲墓做最後修飾。

新公墓也是分成五塋區、十塋區、三十塋區等三個等級。有錢人家都盡最大能力將金錢花費在這上面。

「好氣派。沒想到這麼氣派。」

「沒想到吧！」

「爲什麼選這麼遠的地方呢？」

「這就是我厲害的地方了。你看，前面有山有水，眼界開闊，不需整日跟別人相對。這是最邊邊，所以也不用擔心有人群堵在這裡。」

「聽你這麼說，果眞如此。」

國松順勢把兒子轉向後面，唸道：

「『台南黃家歷代之祖墓、昭和十六年六月二十日黃國松改修』，怎麼樣？」

他邊說邊看了看兒子，臉上洋溢著履行子孫義務的英雄般的喜悅和滿足。

——多桑終究是比自己了不起。文賢一改向來的自負感，重新審視起父親。

國松雖然不知道「幻滅的悲哀」這句艱難的字眼，然而在黃國松的人生教材裡也並不需要它。從日本領台後混亂的社會變革中堅忍活過來，國松無意識中已鍛鍊出堅強的生命力、不屈不撓的精神和豐富的洞察力。

文賢把它和自己淺薄的留學所得來的知識相比較，才眞正認識到父親。文賢盯著美麗的花崗石墓拓，直到泥水匠跟他打招呼才醒悟過來。

「文賢少爺，什麼時候回來的？」

「啊，師傅。」

「胖了不少嘛。還是你母親照顧得好啊。」

「嗯，我今天就是來看墓的預定地的。」

受過阿惠不少人情的師傅對文賢非常熱情。文賢也很放心把重要的造墓工作交給他做。

「師傅，您兒子後來怎麼樣了？有沒有讓他繼續升學？」

這個師傅從前就爲了獨生兒子的教育問題常常找文賢商量。他兒子中學和文雄同班，所以國松和師傅都曾是同樣爲小孩煩惱的父親。但是文雄終於還是不能跟他的兒子相比，如果借用國松的話，在健康、頭腦、學費這三個要素中，泥水匠的兒子只缺第三項，而文雄卻少了第二項。聽說他兒子曾跟他爸爸說想要唸中學，泥水匠根本沒當一回事，雖口頭答應，卻提出如果落榜就必須繼承父業當泥水匠的條件，結果他兒子眞的考上了，而且做了中學的班長，這次又想繼續往上升學，師傅不知道該愁還是該喜。

「開什麼玩笑！我還在後悔當初讓他讀了中學呢！哪裏還有能力再讓他折騰。」

「我覺得應當讓他繼續……」

文賢對停下工作看著他的師傅，沒自信地囁嚅著。

國松則用奇才帶來的水桶爲栽在兩側的粟草和韓國草澆水。正如國松引以爲豪的，石桌、庭院中間所埋的拜石都足以展現望族黃家的體面。在這種像集灰堆一般的新公墓裡，竟修造了這麼一座宏偉的墓園，連國松自己一定也沒有想過。而他們的墓園和擁擠的世界竟然只有一寸之隔。

「師傅，我覺得院子舖磚比較好……」文賢瞭解手藝工最討厭別人干預他們的工作，所以小心謹愼地表達自己的意見。

「咦？你不是受過新式教育嗎？」

「…………」文賢決定不再說奇怪的話。

「近來都流行用水泥舖地，所以我若不順從這個潮流，總覺得對不住你們似的。其實舖磚才是老式的。」

「我不知道舖磚是不是老式，只不過覺得那樣感覺不錯，又不容易裂開。而且這樣一來，舊磚也能派上用場。」

「咦？」師傅盯著文賢的臉，歪著頭甚是吃驚，一副不解的表情。

去阿惠的預定墓地必須再過一個山谷。文賢半溜著下山，回頭看到父親抓著草根，晃動著肥胖的身軀吃力地下山的樣子，文賢感動得眼淚都快掉出來了。喘著粗氣爬上山坡的國松踱了幾圈之後，在草原中一個作標記的磚頭上站住了。

「你看！正對面沒有和此地相對的墓，而且有水無聲，臨水的狀況也不錯。——這可是我自己選的。以後當然還會請風水師看過。」

「地勢眞的很好，連我們外行人都看得出來呢。反正始終都在同一個地方，所以要視野好、讓人心情舒暢的地方才好。活著的人蓋房子，也是選擇這樣的條件嘛。」

山坡上有很多墓，已變得很狹窄，但在這種環境中，父親還能爲母親找到符合各種條件的墓地，文賢對父親的操勞更加感懷於心。

離阿惠墓後大約五公尺左右的外圍工事正在進行著。再過兩三天就必須把墓的水泥外殼打掉，把尚未腐朽的棺材用很多人力抬過兩座山崗來到這塊預定地。墓地和棺材不容許有半分差錯。這是出於人們的一種信仰——唯恐墓和棺材會影響子孫的命運。但不管怎樣，這都是一份非常困難麻煩的工作。特別是在滄海桑田的世間，想到這些，會令人覺得煩亂不已，他有時禁不住也會自私地想，爲什麼從前的人不火葬呢？不過事到如今，已非抱怨過去的時候，現今的問題是，做子孫的如何堅守祖輩的墳墓。

文賢呆呆地站著，望著西方暮色將至的天空，心亂如麻地緬懷著母親這一生的命運。

「我們回去吧。要不然趕不上吃飯了。」

國松催促著兒子，自己則順著原路準備往回走。

結束工作的工人們也順著這條路一前一後地踏上歸途。老人的腳步太慢，他們趕了過去。邊走邊吐著甘蔗渣，還低聲地哼著歌。

家內全望君榮歸
艱難勤儉送學費
那知踏著好地位
　無想家中一枝梅
中途變心極罔黨
　人面獸心薄情郎

……………………

文賢回味著歌詞，覺得彷彿是在說他。

——我確實是背負著黃家的全部責任在外地求學。家人說起日本內地，就雀躍不已、眼睛發亮，他正是他們的理想的實現者和模範，有必要讓他們重新認識——有許多遊學生對新式教育有所誤解，而且要指導無知的大衆上進。這是知識份子的責任！

國松並不在意兒子心裡想些什麼，更何況去理解文賢作爲一個知識份子滿腔熱血的責任觀念，他大概連做夢都沒有這麼期望過。他只希望兒子早點出社會幫忙他，在國松的眼裡，讀到大學的文賢如果沒有父母的庇蔭，只會是一個什麼也幹不了的毛頭小子。在父子生活層次迥然不同的台灣社會，要存在日本人所想的那種理想的父子關係是很困難的。

「怎麼樣？你爸做的事情一點也沒有閃失吧！」國松再度上了車，俯視著文賢，一副志得意滿的樣子。

「是啊，我總算放心了。」

文賢想，既然父親付出那麼多，就讓他稍稍自傲一下吧，所以他謙卑地聽著。

出了忠靈塔的作業場，是一條很寬的柏油路，一直延伸到鎮上。車子開始起動，兩人的對話仍未間斷。

「我總替泥水匠的兒子感嘆。」

「是啊，上到中學就被迫輟學。」

「因為沒錢呀。他父親每天在大熱天底下汗流浹背地幹活，好不容易才可以讓他唸書呢。」

「……………」

「你知道讀完大學畢業要花多少錢嗎？一年算一千塊好了，高校、大學就得六千圓。如果再算上中學四年的話，可是一筆不小的數字。幸虧你是從四年級就讀的，所以比從『尋常科』升學的負擔輕。」

「多桑開口閉口都是錢。那麼在您衆多的投資當中，有哪一項投資比我更安全和有保障呢？您對我投資，既不會遭受突然的損失，又能夠跟人炫耀。」

「你倒說得頭頭是道嘛，哈哈哈。」

這就叫做「以其人之道還治其人之身」。

「可是文雄有什麼打算呢？他都已經四年級了，應該趕快決定報考的學校了吧。」

「誰知道呢。他那個當媽媽的，不時像瘋子一樣，我也插不上手。文雄也太可憐了。」國松一副無奈的口氣。

國松雖對阿嬌歇斯底里的行爲嗤之以鼻，但在看預定墓地時，他對阿惠的追思之情也強烈地湧上年邁的心頭。他常常小聲地對文賢表白——說眞的，你母親眞是一個情深意重的女子，所以我生平才這麼一次在葬禮上跪著給她磕頭。在當今嚴格講究上下尊卑的社會，這算是國松作爲一家之主最高的情感表達了。

但是，國松對阿惠還是有抱憾。阿惠要是早兩年替他生下文賢就好了。阿惠來到他家，五年之後才生下文賢。因此急著傳宗接代的國松就討了阿嬌進門。阿嬌所生的文欽成了長子繼承這家店，這也是人力所不能反逆的命運呀。

國松心想，自己經過無數的艱苦奮戰才得來今日的「金順和」，在他死後不久一定會垮掉，而死神之手越加逼近，使得他看著眼前的文賢更加焦躁不安。

十四歲喪父的國松開始出外工作，「金順和」是他辭去雇工獨自在元會境所開的規模不大的海產物店，那年他二十六歲。在他幸運的店名下，海產店生意越來越興隆，特別是在歐洲大戰時迅速擴張，不久便還清了父親所有的債務，此外還累積了數十萬的財富。他常常教育年輕人說，從自己的經驗來說——勤勉、天生素質、信用，這三項是必備的。但他並沒有看清如今的時勢，只靠這三項就可以賺大錢的時代已漸漸過去了。

老人的癖好之一就是懷舊，國松老是感慨現今的年輕人墮落了。他最擔心的就是文欽做生意沒什麼幹勁。即使一根釘子掉在地板，細心的國松也會忍著頭痛彎腰把它撿起來。你只要學我一點點就好了——這半是陶醉自己的勤勉，半是對年輕人的懶惰感到惱怒。國松舉了許多實例告訴文賢：比如店主早上睡懶覺，就不能建立叫店員早起的模範作用；穿西裝打領帶活動不方便；吃飯時閒聊就是浪費時間等等。可是他所想的事情有一半沒跟文欽講過。因爲最近他們夫妻不太圓滿，他怕惹鬱悒的文欽生氣。

「您說他也沒用，算了吧。用不著氣到頭痛……」文賢按捺不住地規勸，但他知道，按照國松過去的個性，絕對是會憋在心裡的。

可是現在父親不去嘲笑年輕人的無能，倒先自覺徬徨了。面對這樣轉變的父親，文欽竟然還是馬耳東風，文賢看在眼裡，都感到義憤不已。實際上，文欽對店員的雇用也感到煩心。少東家和老東家唯一不同的是，少東家正值血氣方剛，一副愛吵架的樣子，一定要罵夠了才讓他們抬起腰來。

「多桑，對現在的年輕人，單憑東家數說夥計的權力意識已經行不通了。」文賢雖然覺得父親聽了會不好受，但還是這樣說了。

「那，怎樣才行得通呢？」

「出資者需要有領導別人的才能和品德……」

國松暗想文賢從哪裏學來這些了不起的東西，既覺欣喜，又有點不太舒坦。

「嗯，說的沒錯。然後呢？」

「然後，我說這些話不太應該，多桑沒有唸過公學校，店員們至少都唸過，所以多少在這一點上會瞧不起您。」

「……我的確沒有讀過公學校。」

「如果多桑學歷好，國語又能說得流利的話，就是最完美的東家了。還有，對夥計不能太過嚴苛或一直數落他們……」

「是啊，現在如果不懂國語，不僅不能洽公，而且和內地（日本）人做生意時也溝通不良，實在很不方便。」

國松現在才懊悔自己爲什麼不會國語。這不僅有損國松的生意，而且也是未能融入一般公共生活的致命傷。

「人爲了生活，錢當然是必須的，不過要體驗人生的意氣風發，我認爲血和淚有很大的作用。」

「那是因爲不爲生活所困吧。」

「當然。不過應切記在心，也不能因爲有錢就志得意滿。如果是我來吩咐，夥計們一定二話不說替我做事。」

在旁的文欽羨慕弟弟說得頭頭是道，同時又禁不住有一點恐懼。

——父親的時代已經過去了。如果這樣說太過份，那就把它比喻成翻過一座山好了。但這樣說的話，就變成過去的時代完全屬於父親了。在這個意義上，文欽不屬於其中任何一個時代。渡過領臺時的困境，打造了今日台灣的父輩們的行動，證明了順從光輝的日本歷史天命是賢明之舉。而且，現在交棒的時機已經來臨，往後就是我們的時代了。

文賢堅信著。

雖說還靠父母養活，但學歷畢竟是很現實的存在。這從養育兒女的當事人看來也不敢輕忽，黃家的情形也是如此。特別是文賢將來可能當個法官或是律師什麼的，這樣的文賢的前途，更使對法律這種東西莫名恐懼的人們開始覺得不寒而慄。

晚餐後，在中樓的二樓的走馬樓上，靠著藤椅抽菸是國松平凡的一天唯一最輕鬆的休息。孩子們過去常常在寬廣的走馬樓玩接球。房間的窗戶都鑲著銅合金的格子，即使球用力扔過來也絲毫無傷。下雨天的時候，他們全不管被關在屋裡無聊的鄰家小孩，就在這裡跳來蹦去。南部的傍晚很涼爽。美麗的落日浮雲飄浮在空中，微風從夏衣寬鬆的袖裡穿拂而過。停止一天的辛勞和抱怨，叼著長長的水煙管，整個人躺倒在椅子上，一首「南管」的曲子就從國松的嘴邊哼了出來。這是國松唯一的音樂和興趣。但是看著遠方歸來的文賢，長大的兒子、媳婦圍繞一旁，聽著他們講話或是自己講給他們聽，都是做父母的最大幸福。每次和文賢接觸，國松都能感到新鮮的刺激，興致高漲。但他可聽不下兒子蹩腳的台灣話。

「現在的年輕人眞的沒出息。連台灣話都講不好，還玩什麼影戲、撞球這些不管用的東西。」

所謂的影戲就是電影。國松藉用過去的稱呼，哪怕一點點也好，也要顯示一下自己對它的鄙視。

「多桑這樣說有點過份吧。」

脾氣倔強的文賢剛這麼一說，文欽隨即拉了拉他的褲子，嫂子阿娥也在使眼色。意思是：不能說，這種事讓多桑說說就好。

「爲什麼不能這樣說？」國松自信滿滿的樣子，冷冷地反駁文賢。

「理由是……」

文賢沒說下去。他心想，如果父親以爲他沒有回答就暗自歡喜，那才是父親的不幸。儘管他想著這些狠話，可是要他翻譯成台語，並說明到可以讓父親認同爲止，那是極困難的。

「多桑活了六十歲，從未去過戲園（劇場），撞球連碰都沒碰過。」

不出所料，父親越來越得意忘形了。每次當這個時候，文欽和文雄就俯臉偷笑，而文賢長期在外，勉強做出一副洗耳恭聽的樣子。

國松也是一個自以爲是的父親。他特別對新時代感到無端地反感，但對舊時代的追慕，使他又時常怒斥年輕人的無能，當他無法適應時，就以諷刺或揶揄的方式表現出來。他對待文欽尤其如此。文賢不禁想起新渡戶稻造博士寫給這類型父親的一篇隨筆。

文賢心想，大部分的父親通常都會把自己小時候沒實現的理想投射在小孩身上，他們認爲限制小孩是理所當然的。但身爲人父的責任，難道不是應該以當時自己想得又得不到的那種心境來考量孩子心理，來鼓勵他們努力去做嗎？

國松的情形正是如此。但文賢認爲，他不應該違逆談興正濃的父親，反而應該陪著笑臉俯首恭聽。他一邊想著，等自己當了父親時，一定要比父親做得更好……

「你們都很好命，在父母膝下過著無憂無慮的日子，文賢還每年花一千多圓，像你這麼大的時候，多桑早就出外工作了。」

了。

國松又開始嘮叨了。文欽他們對父親的抱怨只是偷笑著，但文賢感到有點無趣和洩氣了。

國松對兒子的花錢是非常嚴格的，例如高校時代，文賢曾告知父親想當家庭教師的心願，結果國松大爲光火，寫信把文賢訓了一頓說：家裡沒有窮到連二十、三十圓都付不出來的地步，你也得顧及父母的面子等等，弄得小孩越來越不懂哪一個才是父親的本意。

「多桑十四歲的時候，你們的祖父就死了。」

他這樣說著，閉上了眼睛，彷彿在回憶四十八年前的過去。

「那個時候，我每天扛著一百斤米，從城西走到城東，一天才賺二、三十錢。即使現在，如果我不犯頭痛的話，罐頭箱對我來說也不算什麼。……」

如果不是怕人笑，掉在路邊的馬糞，我都會去撿——國松曾經這樣告誡孩子們。要不是面子問題，他可能眞的會付諸實行。

「主人是主人元在（譯按：意指老闆終究是老闆）。即使穿著一條內褲，臉弄得黑黑的，頭家還是頭家呀！」

一枚砲彈終於向著偏好時髦的文欽發來。但文欽沒有搖晃摔倒，而是腳步急快地下樓去了。

店員們不滿國松的起因，是因爲國松常常命令被稱爲雞長、鴨長的事務員和做會計的高級店員去掃陰溝或搬罐頭箱等粗活。

如果說國松有其從商的根本理念的話，那大概是統制經濟前的台灣商人所想的，但是把它拿到現在來用，已經從根本上被否定了。

一大早就開店等待客人、造訪製造商和批發商買進新貨、頻繁地去鄉下收購、收錢——這樣的形式已經完全不適用了。新成立的合作社組織已經完全否定了個人的掌握和薄利多銷的原則。

「只要戰爭結束，就會恢復到以前的自由買賣。這只是一時性的限制。」

文賢看著還沉醉在這種美夢中的人，不知道該說什麼好。

國松雖然這麼樂觀地想像，不過他把一兩個資深的店員請回家休息，並不認爲那只是暫時的解雇。這時候，人們看到的國松不是坐奇才的車去拜訪顧客，而是坐在店門口對著無人的辦公桌嘆氣。

有一天，國松如往常一般來到文賢房間，逡巡了一遍排成長列的看似艱澀的書，在兒子未跟他問安之前，他照例已在心裡盤算著許多事。

他的小孩居然在學習這些自己一本也看不懂的書——這是他最初立即的印象。這些書不知從哪裏來的——過了一會兒，他的另一種情緒又自心頭湧起：還不是花老子的錢買來的，沒有比這更簡單明瞭的了。而文賢那些大道理的話，還不是從這些書上學來的。既然如此，你一定比不上我這個儘管沒讀書卻受人尊敬的老爸。

國松雖然對文賢的優劣摻雜著複雜的情感，不過充滿自信的他的結論卻是固定的——對新式教育的疑惑和冷淡。這個結論有時候一步就到達，有時得像今天晚上要經過曲折才能達到。而且國松總是拿文欽和店裡的那些人來證明自己的論點。

回來探親的文賢住在母親的房間，國松也感到很訝異。因爲那房間也是阿惠臨終的地方，所以家人們有些忌諱，不太靠近。連偶爾來看一下的國松，看著掛在壁龕上那張阿惠葬禮時放大的相片，都覺得有點喘不過氣來。文賢正好一個人可以使用八疊和六疊大的和式房間，寬敞得很。每次休假回來，他都會把數量驚人的一堆書分成文學、哲學、經濟、英文、台灣關係等五類，分別收入三個書櫃，裝不下的書，則交錯塞進格櫥內的隔板上。

「多桑。」

他從椅子上站起來，遞給父親枕頭和毛毯。

「我不要。」國松推辭了一下，但馬上就躺了下來，笑著問文賢：「怎麼樣，大學不好唸嗎？」

「不會。我倒覺得多桑最近好像比較空閒呢。」

「嗯，買賣快不行了。好像被繩子捆了好幾道似的，神仙也出不來呀。」

「去大陸做怎麼樣？」文賢試探著父親。

「去大陸——」

國松像鸚鵡學舌般的嘟囔了一聲後，就愁眉苦臉地不發一言。

文賢立刻體察到父親的意思了，後悔不該提這事，於是積極地催促著：

「多桑眞正想說的是什麼呢？」

「眞要去大陸做生意的話，漢文就更加重要了。」

哈哈，終於把想說的說出來了，文賢在心中暗笑，父親終於道出心聲了。剛剛因爲怕觸怒了父親，所以不敢表態。

「說的是啊。」

「做生意也需要漢文。寫不出很好的信也是令人丟臉的。時下的年輕人之所以膚淺，就是因爲漢文的素養太差。正如《大學》裡說的，心正而后身修、身修而后家齊，凡事物其基礎非常重要。」

國松對子弟的教育方針，一方面有感國語的必要，一方面也沒拋棄漢文第一的想法。他在給文賢的信裡，也零碎地使用漢文，倒是苦了讀信的人。文賢曾經跟朋友開玩笑說，這就是我爲什麼必須做到通讀日、漢、洋三種書的原因。這也是他的內涵得以充實的所在之一。

「總之，您就是要我多學一點漢文吧。」

「嗯，可以這麼說。不會有壞處的。你小時候已讀完《四書》了，所以基礎應該有的。接下來就說不上理由了。」

正開始讀英文書的文賢，對著桌上的書和說似輕鬆的父親苦笑了一下。

「⋯⋯⋯⋯但還有老師嗎？」

「有啊。你如果要學的話，我幫你找來。大概還有四、五位吧——如果你覺得不好意思去，就請他來家裡吧。雖然這樣會多花些錢。」

父親這種施恩般的口氣讓文賢有些生氣。他對這種多餘的好意賭氣地說：

「那好吧，從下午四點開始，上兩個時辰，禮拜日休息。」

文賢決定之後，沉默了下來。

「好，就這樣辦。」

文賢看著大獲全勝而喜孜孜地走出去的父親，覺得還有些話沒說完。其實，他對漢文也是興趣濃厚，不過他和無條件禮讚的父親，態度上有根本性的差異。——他忘了把這個最重要的本質性問題告訴父親，不管他願不願意接受。

第三天，一個叫林漢裔的老師準時來到。林先生非常寶貝他的八字白鬍，下女遞給他的毛巾，他是先擦完鬍子才擦泛著油光的臉。一旁的文賢看得有些輕蔑，很想一挫父親以爲只要學漢文就會人格圓滿的霸氣。沒有穿鬆緊帶的褲子掛在寶物般的啤酒桶肚子上，正印證他的眼神充滿貪欲。但這樣說的話，說不定老師會引用安祿山或是誰的故事，辯解說：「此腹只有漢文。」

老師從陳舊的書庫中選出《唐詩評註讀本》和《古文精言》，課本已經決定，提及上課地點時，家中還起了爭執。文賢不喜歡被別人看到而決定在後樓上課，可是阿嬌反對，因爲讀書的聲音在後面的小路還是聽得到。結果，文賢和老師在偌大一個家裡被迫來回折騰，又回到後樓。林漢裔先生苦難的日子開始了。

這位老師自豪用來圈點的紅毛筆是進口貨。因爲這是他生平第一次收大學生，聽說回去以後還常向他爲數不多的學生吹噓。可是他終於深刻體會到最大的苦難了。老師雖然苦笑給一個學生連續上課兩小時是「三餘堂」創立以來頭一次，但仍不忘強調三餘堂的由來。那是《瓊林》歲時篇中的話：「學足三餘，夜者日之餘，冬者歲之餘，雨者晴之餘。」古人用這三餘來勸勉世人，他引用這個，底意是希望別人到他門下學習。但對於文賢這樣的學生來說，是「夏者歲之餘」，他一直要往前趕，一定要在假期內把課程上完。雖說老師一個月有三十圓的授課費，可是當他熱得頭上冒煙，就得把毛巾搭在頭上靠著椅背直喘粗氣。看著老師的樣子，文賢有點勝利的得意，很想嘲笑他一番，可是在嘲笑之前，也覺得有點恐慌。如果這個老師死了，就沒有人教他漢文了——他心中又響起這樣的聲音。很不幸地，漢文和哲學、科學名稱不同，但它也是學問之一呀。只是在台灣，因爲部分見識不足的對待它的方式，導致它的消沈。而他不可能忘記如對其他學科一樣的虔誠和認眞。他似乎把握住漢文的精髓了。這是累成一團的老師給他的諷刺性教訓。

這也是像文賢這樣有特殊環境的人，才能被允許接觸的一門神聖學問。

國松有時搔著頭前來參觀。這時候他會血壓升高，使他的臉更加紅潤，看起來何其幸福。文賢不管如何討厭漢文，也要讓來日不多的父親高興，他這麼下定決心之後，故意提高嗓門大聲地朗讀起來。

第二天早上，國松一進房門就忍不住邀兒子共讀。「文賢，我們來讀一讀《瓊林》吧。」

「我還有其他的書要唸呢。」

「是嗎？看來你對漢文不太熱心嘛。哈哈哈……」

文賢對父親這種輕蔑的笑有點生氣。

「從早到晚都學漢文，眞讓人吃不消。我還得學其他的東西呢。」文賢語氣平和地拒絕，不由得都佩服起自己來了。

「是嗎？眞是拿你沒辦法。」

父親嘴上雖然這麼說，卻完全沒有強制兒子絕對服從的態度，只是很不服氣地咋了一下舌頭，坐在榻榻米上。

「哈哈哈。我記得以前曾學過《瓊林》，不可能忘記的。」
文賢沒有回答，逕自從堆疊的古書中取出一本放在面前，然後向父親靠了過去。
所謂《瓊林》是《繪圖重增幼學古事瓊林》的略稱，是集中國五千年道德大成的一本書。
翻開書，國松立即小聲讀了出來。
「天文。混沌初開乾坤始奠。氣之輕清上浮者爲天。氣之重濁下凝者爲地。日月五星。謂之七政。天地與人。謂之三才。日爲衆陽之宗。月乃太陰之象。」
跟著唸的文賢著實嚇了一跳。眞不愧是父親引以爲傲的東西，他五十年沒有翻過書本，竟然能一字一句地讀出，沒有半個錯誤的發音。
「您記得很熟嘛。」
「是嗎？我的學歷就是待過兩年的私塾。那也是很小的時候學的。」
儘管他已有了年紀，受到誇獎還是很高興。何況是被在大學讀書的文賢稱讚，國松感到些許勝利感而得意起來。
「繼續繼續。『虹名螮蝀乃天地之淫氣。月裡蟾蜍是月魄之精光。風欲起而石燕飛。天將雨而商羊舞。旋風名爲羊角。閃電號曰雷鞭。青女乃霜之神。素娥即月之號……』」
「喔，難得難得，好久沒聽到了。」
外面響起了人聲。國松皺眉望向意外闖入者的方向，原來是他商界的朋友，於是連忙大笑著回答：

「哈哈哈。是您啊，什麼時候來的？」

「生意壞到這種程度，也沒法做了，但不到處走走也靜不下心來。——令郎眞是讓人佩服啊！」

「您過獎了。」

「我們老人過去唸的漢文，還是很不錯嘛。」

「我想，在死之前至少得傳給子孫。雖不是什麼秘傳，也還是有價值的。這篇也很不錯呢。哈哈哈。請坐。」

國松用下巴指了指文賢，介紹他的愛子。

「不坐了，我就回去了。眞是不錯的收穫。」

那男子腳步輕盈地走出庭院。他從老人之間的對話，深深體會到這席話的純樸和自在。他不禁疑惑，爲什麼要撲滅漢文呢？

「多桑，還要繼續唸嗎？」

父親笑著沒有回答。

「別唸了吧。我突然想起要到外面辦事。」

「什麼嘛。原來你已經厭煩了。想去玩呀？」

國松摸著頭用嘲笑的口吻說。她好像因爲剛剛那人的關係，增加了許多自信。而被這樣一說，文賢只好說：

「那就繼續——可以了吧。」他冷冷看了一下父親，燃起一股對待外人般的同仇敵愾。

「啊，當然好啊。『地輿。黃帝劃野始分都邑。夏禹治水初奠山川。宇宙之江山不改。古今之稱謂各殊。……東魯西魯即山東山西之域。華夏是中州故曰中州。陝西即長安之地原爲秦境。』……我們稍微休息一下吧。」

約莫唸到「地輿篇」一半左右，國松無力地提出休戰建議。

「不，還沒完呢。我們只讀了一點點而已……唸吧唸吧。」

文賢的語氣流露出嘲笑之意。

「我開始頭痛了，讓我休息一下。」

文賢一點也不相信父親說的，繼續催促著。國松只好小聲地跟著唸。就這樣，因爲父子倆的任性，意外地掀起了黃家的風波。

「金城湯池謂城池之鞏固。礪山帶河乃封建之誓盟。帝都曰京師故鄉曰梓里。蓬萊弱水惟飛仙可渡。方壺員嶠乃仙子所居。滄海桑田謂世事之多變……」

文賢本還以爲父親的聲音太小，聽不到，可是國松的身體忽然垮向了文賢。

「多桑，您怎麼了？——眞糟糕！」

等到文賢明瞭一切時，父親的臉色已充血通紅。他一想到父親想休息卻沒讓他休息，自覺非常羞愧。作爲一個時時自省的有教養的人，他自責不已。

那天黃家的騷動無情至極。家庭成員本來應該先把責任問題拋在一邊，一心一意照顧病人才對，無奈家人卻先大作文章起鬨，天翻地覆地吵嚷起來。這時候，沒有比失去生母的文賢的立場更不利的了。情勢意想不到地惡化。雖然文賢甘心承受阿嬌一洩長年鬱悶而充滿憎惡的謾罵，但他還是悲傷不已，一旦又在背後感受到文欽夫婦和文雄他們如同對待罪人一般的眼神，他才知道，在偌大的家庭中，只有父親一人才是最體諒他的。

「要是多桑死了怎麼辦？」

一出房門，文欽掐他的脖子怒吼起來。這才是代表這個家的斥責之言。

「什麼怎麼辦？」文賢咬著嘴唇反問道。

「我們這家人明天開始靠什麼吃飯？雖說有五六十萬財產，可是土地和房屋又不能馬上兌現。」

你還眞敢說這些！文賢既憤慨又輕蔑地笑著：

「沒錯，這次是我的錯。但是父親還不至於糟到要死的程度吧。……你以爲多桑可以活著養我們到什麼時候呢？」

「你的意思是說我希望多桑死？豈有此理！」

文欽跳起來，在家中大嚷大叫。文賢對這種劍拔弩張有點看透，又有點茫然不知所措，只低聲說：

「是啊，有這種想法，是不孝啊。」

現在，文賢眞的對這個家不存一點希望了。年輕易傷的心靈遭到蹂躪，他痛苦地壓抑著奪眶而出的眼淚，跑出了門外。

他漫無目標地走著，但隨著激動的情緒平息下來，他得救般地嘆了一口氣。

「我得再忍耐一點，等待那個時期的到來。」

他一邊走著，一邊這樣告訴自己。

（刊於《翔風》24期，一九四二年九月二十日）

（邱振瑞譯）

春戲

雖然從來翠霞就對瑞雲有一種輕視及憐憫的感覺，但三年分離之後，想到可以再度和瑞雲見面，翠霞還是難免滿懷歡喜與嬌羞的心情。現在的她愈來愈成熟，對於婚姻大事，也不像少女時代那麼不在乎了。可以說她已經做好心理準備，要迎接充滿辛勞的婚姻生活了。當然，此時的她內心充滿期待與緊張。

一九四三年暑假訂完婚之後，瑞雲就和翠霞的弟弟郁文一起前往東京。瑞雲的工作是接受未來的丈人委託，前往東京就近照顧準備參加高專入學考試的郁文，監督郁文唸書。同時，郁文也被父親派了一個負責監視未來姐夫的重責大任。只不過，從客觀的角度看，郁文這個人太忠厚老實，讓他監視瑞雲，不只效果不大，可能連他都會被瑞雲帶壞。翠霞非常擔心，因此一直到後來戰局惡化，台日兩地航空信件無法寄送爲止，她頻頻寫信到東京給郁文，詢問瑞雲的狀況。但每次收到的回信都是千篇一律的「姐夫很掛心姊姊，讀書也很用功」。郁文的話讓翠霞有點懷疑，但也沒辦法求證，只好暫時相信。

很快的，三年過去了，翠霞已經二十四歲。之前唸女學校時代的同學，甚至許多學妹都陸續前往戰地擔任護士。這讓翠霞驚慌起來，突然有一種孤單的感覺。他不禁想到，如果此時瑞雲在身邊，該有多好。

回顧過去兩人交往的情況，瑞雲似有在翠霞面前抬不起頭來的感覺。這倒也不是兩人血型是O型或A型等差異所致，而是個性問題。基本上翠霞好勝心較強，在她面前，瑞雲多半只能陪笑臉、拚命點頭。

當媒人撮合雙方婚事時，瑞雲的父母親強調：「我們的兒子不會娶妾。此外，瑞雲在男孩子裏面排行第三，所以，結婚後要搬出去住也沒有關係。」

想到以後不必住在大家庭裏面，翠霞對這門婚事可說相當滿意。也因此，父母親問她可否先和對方訂婚時，翠霞立刻點頭答應。雖然瑞雲事業還沒有成就，但誰也沒辦法斷定，現在情況好的人未來就能保持下去。翠霞不願意想那麼多，畢竟自從上帝在伊甸園把亞當的第十三根肋骨拿出來創造夏娃以來，人類就一直靠著男女結合而延續後代。所以，除非是特別與衆不同的女性，否則，毫無例外的，女人遲早都要出嫁。而翠霞也相信，自己不過是平凡女子，因此，收到瑞雲即將回國的信件後，她便在預定的時間與父母親一同前往車站迎接瑞雲。

火車到站後，郁文首先下車，然後，穿著學生服的瑞雲也下來了。一看到瑞雲，翠霞整個人激動起來，顧不得旁邊還有一堆人，心情激動的她立刻衝上前去，想和瑞雲說話。但就在這時候，車廂中又有一個女子跟在瑞雲後面走下來，而且下了車之後，和瑞雲牽起手來。瞬間，翠霞整個人好像被雷電擊中。靠著女性的第六感，不用等瑞雲開口，她就已經瞭解一切狀況了。傷心的翠霞沒等瑞雲開口，立刻掉頭衝出車站。在車站門口攔了一輛人力車，一回到家就躲進床上嚎啕大哭起來。

哭了許久之後，突然聽到有人低喚：

「姊姊，姊姊——」

回頭一看，原來是弟弟郁文站在床邊。他一副非常愧疚的表情說：

「姊姊，我對不起妳。請妳原諒我。」

說完，郁文聲音哽咽，不斷啜泣。

「傻瓜，你哭什麼哭?大男生哭成這樣子還能看嗎?!」

「可是，姊姊，我沒有跟你說實話，害你今天這麼狼狽。一切都是我的錯。」

「我不怪你。不過，實際狀況如何，你可不可以說給我聽看看。」

「事情是這樣子的，我們到了東京之後不久，因爲B29轟炸機不斷空襲，學校停止上課，我和瑞雲也分開了。」

結果後來瑞雲跑到靜岡的鄉下工廠避難，郁文則被徵調到東京一處軍需工廠當學生工人。時局發展如此險惡，即使是親朋好友，也沒辦法充分照顧、注意到對方。所以，照郁文的推測，瑞雲在靜岡鄉下工廠工作時，大概因爲生活太煩躁、無聊吧，整個人變得非常頹廢。而大概也就是在那段期間，他身邊有了新的女人。或許瑞雲也想到，戰爭不知道什麼時候才會結束，雖然和翠霞有婚約在身，能否回到台灣，他完全沒有把握。既然如此，眼前有機會和女孩交往，當然不會拒絕。

換言之，在現實環境逼迫之下，瑞雲屈服了。

「姊姊，坦白講，這次在回台灣的船上，我發現男孩子十個有七、八個，身邊都帶著日本女孩。」

郁文似乎有點想爲瑞雲辯護的意思，翠霞一聽，立刻一個巴掌打了過去，大罵：

「笨蛋！」

沒想到姊姊竟然出手打人，郁文差點跌坐在地。

「好，接下來還有什麼狀況，你繼續說。」

打了弟弟一拳之後，翠霞發現自己太過衝動了，脾氣立刻和緩下來。看到姊姊似乎已經沒有那麼生氣，郁文也就鼓起勇氣繼續說道：

「是這樣子的，這次在回台灣的船上，我曾聽瑞雲說，反正先上車後補票，先搶到的是贏家。他還強調，大家都是這樣子的。他一面說，還一面得意地哈哈大笑起來，還有，他還說反正日本人不過是四等國民。」

「什麼？他說日本人是四等國民，所以，有日本女孩喜歡他，就可以毫不客氣地把住對方？哼，如果日本人是四等國民，我眞想問他，他是幾等國民？是第五等還是第六等，甚至第十等？」

翠霞大聲責罵起來。

「其實，我也有勸告他，他這樣做會讓姊姊傷心。但瑞雲哥說，他不可能因爲姊姊而放棄那個日本女孩。」

「喔……」

這句話顯然傷到了翠霞的自尊心。但很奇妙的，她同時有一種得到解救、心情輕鬆的感覺。郁文接著說道：

「我本來想罵瑞雲哥，但他反倒指著我的鼻頭說，其實他也可以默不吭聲，完全不和姊姊聯絡，偷偷和那個女孩結婚，或者甚至回台灣時假裝自己還是單身。但他不想這麼做，因爲他要證明自己也有男性的自尊。他不希望再被姊姊看不起。」

「不希望我看不起他？……」

郁文的話讓翠霞陷入了沉思。

（原刊於龍瑛宗主編的《中華日報》文藝版，一九四六年五月九日）

（蕭志強譯）

老子與墨子

夜漸漸深了，附近的廟宇乩童一陣作法之後大概也累了，奇聲怪響的音樂停止，四周便安靜下來，只剩下笛聲清脆地響著。此時仔細一聽，遠處某戶人家的時鐘開始報時。原來，現在已經凌晨三點，是草木早已入眠、百鬼開始橫行的時候了。倒是我所親愛的老子與墨子，不知道最近有何想法，突然想和他們見面談談。於是如同往常的做法，我在桌上擺上香爐，點燃後又在房間周圍貼上護符，以此將俗界隔離在外。然後，我把寫了兩人姓名的神符燒了，一心不亂地唱頌咒語，完成在這個世界上也屬非常靈妙、不可思議的降神之術。此時，我眼睛一打開，發現老子與墨子從遙遠的東方降臨下來，而兩人一路上似乎在爭執著什麼，表情都很激動。

「……你太年輕了。根本不必因此憤憤不平嘛。」

這句話是老子說的，他總是告誡墨子不要太憤世忌俗。

「喔，不，老子。這種世界，大家如此貪污、無恥、不義，簡直一無是處，你還能裝作沒看見、默不吭聲？看到這些狀況，我就感到悲哀，忍不住生氣起來，小生我將盡我自己的力量，努力改造這個世界。」

比老子年輕一百四十歲的墨子，不斷如此強調。

「是嗎？我倒覺得，世界本來就是無爲自然的，所謂大道廢，有仁義；智慧出，有大僞。六親不和有孝慈，國家混亂有忠臣。同樣的，若無貪污，則無廉潔；若無人餓死，也就不會產生富翁。世間就是這麼一回事，太有趣了……」

「世間這麼亂，老先生爲何還笑得出來？難道您是在嘲笑自己，還是覺得自己太無能，在自我安慰？」

墨子個性直率、一向不會拐彎抹角，此時仍然不假辭色地批判老子的想法。

「其實，年輕人我告訴你，我的哲學簡單講就是弱小民族的哲學。我認爲，太長的東西容易被折斷，明哲保身是最好的處世方法。所謂樹大招風，太出鋒頭不是好事，甚至會送命的。」

「我不同意您這種看法，雖然我並不是很喜歡孔丘，但他講的一句話，我覺得非常受用。也就是〝有志士仁人，殺身以成仁〞。換言之，反正都會死，爲什麼不冒險拚拚看？」

「不，我覺得這樣做不對。孔丘這句話是講給天上的人聽的，對於一般社會大衆，我想並不適用。啊，對了，我們就要到達凡間了，我看墨翟，我們今晚不要再辯了。反正人類那麼壞，早就無藥可救了。」

聽到老子如此批評人類，急性子的我不禁生氣起來，立刻把還沒喝完的茶倒進香爐，撕下護符來擤鼻涕。雖然不知道老子與墨子會不會因此生氣，但仔細吟味兩人方才的對話，我突然產生一些想法。此外，今天白天我碰到兩、三位朋友，他們也很喜歡辯論，就像剛剛老子與墨子的鬥嘴，一開口就停不了。

有人說，老子如果是茶葉，墨子就是白蘭地。還有人認爲，老子像冬瓜茶，天氣炎熱時，回家就會想喝一口。相對的，墨子則是小吃攤的當歸鴨，氣味濃而且很補，一般而言，吃了太多「老子」的人，會精力減退、體力不足。反之，吸收太多「墨子」的人，則會興奮過度、睡不著覺。所以我看，如果台灣人只服用「老子」，這個國家大概很快就會滅亡。當然，事實也不一定如此。總之，我相信如果台灣成爲「墨子之國」，對整個社會的發展會好些。這種情形就像光復後許多「墨子」從日本與南方回到台灣，積極發表改革的看法，帶給台灣很大的活力。

當然，在這個過程中，一定也會出現老子之類的人物主張明哲保身的處世哲學。只是，這樣的哲學畢竟是有產階級的專利，面對紊亂的世間，他們頂多只能講一些風涼話表示關心而已。台灣目前所處的環境非常險惡，可以說已經到了燃眉之急，在此情況下，有的人既無法成爲老子，也無法成爲墨子。這些可憐、無助的人有的自殺，甚至全家吃老鼠藥告別人間。爲什麼他們自殺之前不能多想一點，與其坐以待斃，何不孤注一擲，想辦法像墨子那樣站出來積極改革社會，說不定就能打開一條血路。而即使在奮戰過程中不幸身亡，至少自己也不是盜匪或者國賊。也就是在此情況下，失敗不過是運氣差而已。

附帶聲明，如果有人質問如此好發議論的筆者到底欣賞老子還是墨子，我的答案是「我也不知道」。

（原刊於龍瑛宗主編的《中華日報》文藝版，一九四六年七月三日）

（蕭志強譯）

「鬍的」

來自西伯利亞的西北風，毫不留情地從薄薄的竹篾牆縫隙颳了進來，每次都使桌上的碳化燈在快熄滅之前又突然爲之晃亮，這時候三條人影就被放大拉長，並折成了好幾截，在屋內怪異地遊移。

「巴格野郎！天氣這麼冷……」

「鬍的」誇張地舉起拿酒壺代暖爐的右手和放在口袋裡的左手，想把外套的領子立起來。那一瞬間，長椅子左右搖晃，險些要倒的樣子，李瑞榕不由得用兩手壓住了椅子。他已受夠了這偏僻小吃攤的寒冷，好幾次都想回去了。現在聽到「鬍的」這句話，突然又愉悅了起來。「鬍的」過去常常拿他們出氣，說台灣這麼沒有四季變化，彷彿是他們的過錯一樣，而且還說他一件夏衣就可以熬過一整年。但如此誇下海口的「鬍的」，現在竟瑟縮地冷得發起抖來。看他這個樣子，不用說什麼皇民化運動了，連他自己的五官觸感，不也都被台灣同化了嗎？不止如此，「鬍的」還像小孩般纏人地直說：「台灣是我的故鄉，我現在更不想回日本了。」

這種事當然沒有商量的餘地。是日本人，就得和他們初來時一樣身無分文地被趕回去。過去他們在這裡恣意妄爲，現在他們發牢騷也沒用。不過可以的話，他只想幫助一個人，那就是「翁的」。雖然不知道「翁的」已升到幾等委任官，但是從原來加俸六成的身份淪落到如今的小吃攤販，「翁的」的際遇變化之大，也不免令人覺得悲哀了。當然，比「翁的」更慘的人也不在少數。在市區，幾乎每天都可以看到日本人被仇家找出來報「老鼠怨」(尋仇泄恨)，人們把它叫做「打狗」。「翁的」的情況還算好的。

他想起許多比「翁的」更沒有優越感而平等對待他們的日本人。但是不知爲什麼，他們都不如「翁的」給他一種親如家人的感覺。

不管用怎麼偏愛的眼光來看，「翁的」確實屬於這群應該加以蔑視的日本人的一員。即使同爲教育者，他們在本質上並不同於抱著教化新附民的崇高理想而埋骨於殖民地芝山巖的六氏先生❶。「翁的」他們大概是對不景氣的日本失去信心，爲了發橫財才渡海前來的吧。其證據之一，就是他叫喚兒童的時候，總在前面加上「清……」這個定冠詞。李瑞榕起初並不明白這個詞的意思。後來哥哥告訴他，所謂「清」，是「清國奴」，也就是滿清的奴隸之意，這是賭上鄭成功的面子也決不能當作耳邊風的罵名。因此李瑞榕很恨「翁的」。隨著時間逝去，他對「翁的」的怨恨逐漸變淡了，取而代之的，他的怨恨延伸到全部的日本人身上，以至於竟喊出了「打倒日本帝國主義」這樣的話語。當然，「翁的」當時並不知道這個事。光這一點來說，

「鬍的」做爲一個教育者，是徹底失敗了。

但自以爲是的「鬍的」還是萬般地疼愛李瑞榕。有宴席會叫他去，生了病，幾乎每天都去看他，或者把他叫到宿舍吃小點心，叫他幫忙批改重要的試卷。整整五年，他一直在「鬍的」的班級當班長，這是自學校創立以來從未有過的事。成績簿上，每學期也全是甲等，起初李瑞榕著實很高興，後來也乏味了。「鬍的」就是如此地疼愛着李瑞榕。李瑞榕天眞自滿地以爲自己之所以能集「鬍的」的寵愛於一身，是因爲自己出身望族、長得眉淸目秀、功課又好等原因。可是當他發現一直讓他叫「歐巴桑」的那個女人就是「鬍的」的太太，而且他們膝下無子這個事實時，不由得背脊爲之一涼，大吃了一驚。

「鬍的」叫做福田猛夫，兩個字的姓和兩個字的名，是典型的日本姓名。在李瑞榕升二年級那一年四月一號的開學典禮上，六十個兒童發現一個日本男老師兩頰還留著剛刮過的鬍靑，著實嚇了一跳。讓他們更爲訝異的是，這些鬍根第二天就長成了全黑的、似乎摸起來會刺痛手掌的密密麻麻的「台灣草坪」。「鬍的」的綽號便是由此而來。李瑞榕心想，如果十天不管那鬍子，絕對不會輸給「關雲長」或「乃木大將」❷吧。可惜每隔兩天，「鬍的」必定極規律地剃光他的鬍子，讓等著看鬍子的人大失所望。即使如此，他們還是有機會看到鬍子成長兩三天的情景，那就滿臉落腮鬍，如同廟裡被香燻黑的神像讓人認不出來了。「鬍的」沒刮鬍子那天，一定是快來不及晨間大掃除的檢查，騎腳踏車趕來赴朝會的。

「鬍的」有一個舉動更令大家吃驚。那就是在他上完體操課以後，往往就在洗手台旁邊擦拭他的身體。黑烏烏的絲毫不遜於鬍鬚的胸毛，像韓國草軟柔地伏貼在肚臍四周，那樣子，可一定連綿到褲子下面去了。這麼來看，他顯然不是一般人種，但也只有熊、狗或猫，全身才會長著濃密的黑毛吧。當時正流行一首叫「暴風狂吼，我等不怕」的歌，兒童們爲藉機發洩一番，用台語把「吼」字喊成「鬍的」，因爲平常一旦被發現講一句台語，就要被罰一錢。

「鬍的」給人的印象就是這麼強烈。其實，李瑞榕從沒見過能與「鬍的」的鬍子一爭長短的人。從「五分鐘主義」吃完中餐，到午休結束鐘聲響起的這段時間，也是「鬍的」吹捧自己祖國的時段。由於誰也沒去過內地(日本)，所以「鬍的」比手畫腳用「講古」的語調開啓話頭時，每個人的眼睛都爲之一亮，豎耳聽得忘了上課的鐘聲。不過，善與惡有時是比鄰而居的。「鬍的」在思鄉病的驅使下，提及日本的種種都很帶勁，但提到這個飽嘗絕望的殖民地，那可就像惡魔島一樣了。在他看來，這個陌生的熱帶地區的大大小小的東西都跟他有深仇大恨似的，學童們的腦袋瓜莫名其妙地遭到他的轟擊，也是家常便飯。

「喂，淸！我可是鹿兒島出生的喲！了不起吧？你們知道鹿兒島在什麼地方嗎？」

大家根本不知道鹿兒島有什麼了不起？又位在何處？

「嘿，你們全是一群笨蛋，那你們知道熊襲❸嗎？」

聽到「熊」字，大家笑開了。這下子輪到「鬍的」掃興地發愣了。

「總之，我是熊襲的子孫，鹿兒島人全是熊襲的後裔。熊襲可是很強盛的喲！要不是日本武尊用酒把他灌醉的話，哼，他根本不會那麼輕易就被殺掉的。」

「不過這所學校的校長是大阪人，看他滿身的市儈氣就一肚子火。他只給拍馬屁的人加薪水……」

在這意想不到的地方，校長成了「鬍的」的箭把。在怒氣還沒波及到自身之前，學童們自然是愈聽愈高興了。他們都喜歡「鬍的」。因爲回家以後，他們又多了一個可以說給大家聽的笑料。

「鹿兒島是一個山明水秀的好所在喔，你們聽過這首歌嗎？一首非常有名的歌：花開在霧島，國分❹出菸草，噴火的是，——櫻島。」

「鬍的」說著，眞的就在講台上瞇起那雙大眼睛唱了起來。但是他最後那幾句「喲伊喲伊」，實在叫人不敢恭維。

「喏，我沒騙你們吧？鹿兒島眞是一個好地方。話說回來，你們台灣長什麼德性？你們這些猴囝仔簡直就像走路慢吞吞還一邊淌著口水的水牛，又臭又笨，溫溫吞吞……」

莫名的數落終於來了。「鬍的」都敢把校長罵得狗血淋頭了，眼前這群學童也只有低頭聽訓的份了。只有李瑞榕咬著牙瞪著「鬍的」。他氣得告訴自己：以後絕不讓這傢伙進到我家！「鬍的」朝李瑞榕瞥了一眼，但一點也不理會他的抗議。

「鬍的」宣揚故鄉之美的時候，就是這個樣子，他開頭總是懷念起故鄉的種種，結尾就是對現狀表示不滿。

不過，最令人感到興趣的是，「鬍的」最擅長講西鄉隆盛率領一萬五千名薩摩隼人被窩囊的町人兵打敗，而在城山切腹自盡那段故事。「鬍的」若出生在那個時代，肯定也是第一個衝鋒陷陣的。事實上，「鬍的」也曾語帶遺憾地說過。

今天晚上「鬍的」雖然表白說台灣是個好地方，但這一定是十二、三年前抱著來台淘金的夢想破滅了，不得不委身公學校❺訓導的這個事實，是自暴自棄的遁詞而已。

他在學校唯一露出笑臉的日子，是每月二十一日發薪水的那一天。每當工友送來薪水袋，無論正在上課或工作中，他總是迫不急待地撕開封口，鼓一口氣往信封袋一吹，取出鈔票，然後一張張地點數確認無誤之後，朝學童們的方向傻笑一下。除此之外，他其實是常動肝火的。他一發飆，就拿起竹鞭抽打學童的屁股。要是哪個學童沒寫家庭作業，就罰他站在教室的角落高舉雙手，連站幾個小時。有時——他也被校長告誡過；雖然僅只一次——罰全班同學脫光衣服爬運動場四圈。大家剛開始還覺得好玩，一邊匐匍一邊爬。但隨著下課的鐘響愈接近，大家擔心萬一這副狼狽樣若被女同學看見的話，豈不羞死才怪，於是紛紛哭著向老師道歉。這是對兩三個同學逗弄女學生所做的體罰。「鬍的」最常使出的體罰就是把學生叫到講台上，掄起堅硬如鐵的鞋尖就朝學生的腳狠狠踹下去。那種痛楚又是另一番滋味了，疼得讓人忍不住叫「阿母」。學生們看見自己皮破血滲的，「哇」的哭出來是常有的事。李瑞榕也因爲擔任班長需負連帶責任，被踹過四五次，所以，學童們等「髫的」必須穿運動鞋上體操課的日子，簡直比過四大節❻還要高興。

在殖民地的學校，日籍老師體罰(台灣)本島學生是極普遍的，一點也不稀奇。或許是台灣這塊土地的特性吧，並沒有引起什麼異論。學生家裏也視爲理所當然而欣然接受。因爲自古即有「執教鞭」的名訓，而且他們當年唸「書塾」的時代，也曾有挨過老師拳頭、或膝蓋頂著粗尖蛤蠣殼被罰跪在孔子像前的經驗。李瑞榕的母親一邊幫他包紮，心疼地流著眼淚，而他最痛恨的是，父親卻在一旁嘆氣說：「天下君父師嘛！」

然而託此之助，不管課業成績或大掃除，李瑞榕的班級都是全校第一名，連疏遠「髫的」的校長也不得不勉強承認這個事實了。但諷刺的是，卻不斷有學生透過家長向校長提出轉學的要求，就連李瑞榕也認爲，若能逃出「髫的」這個熊襲蠻男的掌控，寧願付出班長的頭銜也在所不惜。

不久，機會來了。表面上，父親對孩子的母親和朋友都會辯解說，轉學是爲了讓自己的兒子擺脫「髫的」皮鞋的蹂躪，其實是因爲虛榮心作祟，羨慕著小學校的名聲。但不管怎樣，李瑞榕還是滿心贊同父親之意。在他們的市鎮上，除了三所公學校之外，還有兩所特別供日本人子弟就讀的小學校。一所是位於李上學途中的「南門小學校」，另一所是在市郊公園附近的「豁的」太太任教的「花園小學校」。好像是南門小學校的口碑比較好。鋼筋水泥搭建的三層樓校舍很是氣派，運動場的設備也非常完善，學童們一律背著肩帶式書包，穿黑皮鞋，不像公學校的學生背著包袱背巾，打著赤腳上學。而且，知事大人也會特別蒞臨畢業典禮。

對有錢有勢的台灣人來說，沒有比讓自己的子弟進入這所小學校就讀更感光榮的了。隨便吹噓自家子弟跟某州的總務部長的公子或市長的千金同班，就足以讓他們志得意滿地尾巴都翹了起來。而且，這是一個講求即使在「小學校」成績落後的學生都比公學校的班長來得聰明的社會。在他二年級升三年級的時候，父親表明了先前的決定，並立刻造訪「豁的」的宿舍，請他給予特別指導。結果這項舉措似乎傷到了「豁的」的自尊心，父親特意帶去的「香腸」和「肉脯」被他扔出門外，還大罵了一聲「滾」，砰地就關上了拉門。面對這種場面，就連生性溫厚的父親也忍不住要在孩子面前臭罵「豁的」簡直像生番了。翌日，李瑞榕怕得不敢上學，一直缺課。

令人擔憂的轉校考試終於來臨了。他讓父親靜靜地在走廊等候，自己一個人戰戰兢兢走進了校長室。校長八股地詢問轉學的原因、父親的職業、財產狀況等之後，慢慢地從身後高高的書架中選了一本全新的教科書，從中翻開書頁，叫他試讀。那是文部省（教育部）編纂的《國語讀本》卷三第二學期用的其中一課。對只學習到第一卷的李瑞榕來說，內容確實困難了些，他好不容易朗讀完了，接著要他解釋課文的意思。他支支唔唔解釋個半天，差得嚎啕大哭地跑了出來。不用說，他失敗了。後來他才醒悟到這件事只不過是已看厭的種種歧視的第一課罷了。他質疑為什麼總督府編纂的《國語讀本》開頭是「花、旗、章魚、線」，和日本子弟就讀的小學教科書上的「開了，開了，櫻花開了」有所區別呢？難道真如市民傳言那樣，公學校的學生程度較差，必須挪慢一年學習？這些摻雜著疑惑的悲傷攪亂了他幼小的心靈。看著父親被校長冷落，氣鼓鼓地坐上人力車掉頭就走的背影時，這又加深了他的悲哀與憤怒，眼前突然暗淡下來。當暮色逐漸籠罩，暈黃的霧靄攏聚而來時，他的眼前又出現「鬍的」暴怒的臉部特寫，宛如《水滸傳》中「黑旋風李逵」發現獵物往前撲殺的那種模樣。

他放聲大哭，沮喪地走出再也不曾踏進一步的可恨的小學校大門。就在這時，他發現「鬍的」憂喜參半地站在大柱子後面，他猶如大白天看到鬼似的，嚇得心臟都快要停掉了。霎時，他脫兎般地準備朝反方向開溜，但「鬍的」有力的手臂已經抓住他的肩膀了。李瑞榕心想，這下子絕對沒命了，肯定得挨一頓揍，直縮著脖子。不過，「鬍的」卻撫摸著他的頭。

「瑞榕，不要哭！混蛋！男孩子還哭呢。——唸小學校挺無聊的呢。我們公學校一點也不輸它，有我執教，一定會贏過它們的。所以，你們要永遠跟著老師。」

「鬍的」突如其來的細心關懷使李瑞榕非常感動。他無助地靠在「鬍的」長滿胸毛的懷裡哭了起來。平常看似恐怖的濃密胸毛，當把臉頰貼近磨蹭時，卻格外有一種如柔軟毛毯般的溫暖與親切。他一輩子也忘不了這一刻的感動吧？這剎那間成了他永遠跟隨著「鬍的」的始因。

李瑞榕覺得疑惑：「鬍的」既是日本人，爲什麼對小學校有那麼大的敵意呢？後來，他終於想通了：那是因爲即使擔任到訓導主任，在小學校任教和在公學校任教本身仍有種種不公平的待遇和官位的高低。這可是今天晚上「鬍的」一定會加以辯解的吧？或者，說不定「鬍的」早已把那些事忘得一乾二淨了。

升上六年級，「鬍的」嚴格無比的升學課程開始了。班上學生分成升學與不升學兩組。升學組在四點放學後還要接受課業輔導，學童要自備兩個便當，有時候到了晚上，便當都餿掉了。「鬍的」在黑板上滿滿寫著習題，並按照得分的順序評比，九十分以上才准回家，然後領取隔天的作業講義。「鬍的」爲此甚至自掏腰包買了一塊黑板。冬季日短，黑板上的字一下子就看不清楚了。學童們各自帶來臘燭，但並不表示學習就此結束。「鬍的」的十幾名得意門生還得去他家補習。他們脫下雨鞋，露出黏著髒黑污垢的腳趾，幾十隻髒兮兮的腳伸進六張榻榻米大的房間的簡陋木桌底下時，臭得難聞。騎腳踏車先行回家的「鬍的」趕緊洗澡吃飯。當他穿著丁字褲，挺著黑熊般的肥胖身軀，嘴上叨著牙籤出現在大家面前時，一定這樣開玩笑：

「喂，清！你們這群水牛仔子，臭死了！」

然後，「鬍的」在門框掛上一塊小黑板，極具幽默、技巧地教一些特別困難的「龜子算」和「鐘錶算」。接著，師母會端來一些茶點，並講解「分算」的寫法。她是一個講話有著老師般溫柔性情的賢淑日本婦女。有一次，不知她是稱贊或嘲弄李瑞榕，竟說：「喏，瑞榕，很有趣嘛，聽說你這次考試落榜的話，就要用米粉絲上吊自殺啊？呵呵……。」

米粉是「鬍的」最喜歡吃的台灣麵條。

考試結果出現驚人的好成績。「鬍的」自誇有好成績是理所當然的事。四十名學生有三十八名考進各自希望的學校，大家穿著新制服在孔子廟拍紀念照的時候，「鬍的」被學生們簇擁著站在正中央，得意洋洋地笑個合不攏嘴。李瑞榕特意向小學校兒童心目中的第一中學挑戰。他雖然洗雪了四年前的恥辱，不過，「鬍的」傳承下來的不服輸的精神反而使他經常和日本學生發生磨擦衝突……這些先且不提，但李瑞榕和「鬍的」持續的師生關係到此終告結束了。

每逢例假日，李瑞榕都會去學校或宿舍探望「鬍的」，讓他高興一下，但自從「鬍的」被調往鄉下，兩人見面的機會愈來愈少了。之後李瑞榕去了東京，從這時候開始，李瑞榕接到同學的來信說起「鬍的」變成嗜酒之徒的傳聞，又是「鬍的」的同事一個接一個當上了或大或小的小學校長，成爲一方之主，只有「鬍的」即使到了該榮調晉升的年限，卻怎麼也升不了官。李瑞榕不是同情而是客觀地解釋：「鬍的」大概因此自暴自棄，才開始耽於酒中之樂吧，但惡劣的酒癖加上暴躁的脾氣，使得他的升遷之路更加困難了。

二次大戰結束後，李瑞榕再次踏上台灣的土地時，首先映入眼簾的是，基隆碼頭至市區之間，日本人沿街設攤的特殊景象。看日本人淪落到這種地步，李瑞榕在心中暗自痛快，但他的腦海突然浮現「鬍的」的身影。

他一回到故鄉，立即趕往「鬍的」的宿舍。宿舍一帶有被燒夷彈燒過的痕迹，草叢中僅剩燻黑的水泥地基。

而今天晚上這樣碰見「鬍的」，完全是一個奇遇了。李瑞榕剛好送北上的朋友去火車站，回程中一路順著寬闊的鳳凰木林蔭道彳亍而行。鳳凰木這種熱帶樹木對氣候的遞嬗非常敏感，凄寒的西北風一吹，整樹的葉子就掉光光了，只剩兀禿的黑色樹幹孤零零地佇立在道路的兩旁。

這裡因爲遭受到空襲，變得空盪荒涼，偌小寒酸的攤販點著昏黃的燈光排列在道路兩側，碳化燈的微弱光暈倒映在柏油路上，似乎在招呼著火車站進進出出的乘客。如今主客易位，日本人也夾雜在本島人之間棄文從商了。一眼望去，本島人在店門口把米粉、葱肉堆得高高的，生意好的店家往大鍋裡舀撈個不停，與門口掛紅燈籠寫著「關東煮」、「年糕紅豆湯」卻乏人問津的日本人攤位形成強烈的對比。這時肚子這個時鐘告訴他，已經是十點吃消夜的時間了。他邊騎腳踏車邊瀏覽著兩旁的攤位，盤算是要惠顧日本人的店？或去台灣人的店小吃一番？正當他幾乎都快逛過最後幾家路邊攤的時候，右邊算起倒數第二間的一個燈籠寫著「關東煮‧福田屋」映入他的眼簾，他吃了一驚。他險險忘了「鬍的」就姓「福田」，朝店內窺探一下，果然眞是「鬍的」！只見他像客人一般大大方方地坐著，但可以證明他不是客人身份的是，在他隔桌嘰嘰喳喳講話的正是他的太太。

「老師！福田老師！還記得我嗎？」

他開口喊著，聲音大得連自己都嚇了一跳。

「你誰呀？什麼？現在還有人叫我老師？」

「鬍的」轉過頭來，睜開惺忪的睡眼，不過因有門簾遮擋著，好像沒能淸楚認出李瑞榕。

「是我，李瑞榕啊。」

「喔！是你！李瑞榕啊！」

「鬍的」喝了酒，話說不清，但記憶中聽慣的男低音突然變得高亢，他一下子就被「鬍的」抓住胳臂拉了過去。

「坐、坐！眞是稀客啊！太好了，眞是太好了。」

「喲，瑞榕，你已經變成一個有爲的青年了，剛剛還在談論你的事呢。還說，不知道你過得怎樣？不，你一定很有出息。——你來了，太好了。我好高興喔。」

李瑞榕被「鬍的」夫婦從頭到腳打量個不停，覺得很不自在。

「老師，我從東京回來以後，馬上就去找您了。您果眞還待在台南。」

「那當然囉。這裡是我住得最久的地方，一切都是我懷念的。我們慢慢聊再痛快地喝吧！這次我得要喝個過癮。喂，老婆，弄點關東煮來。做生意的，這種時候最方便了。我們一邊吃一邊聊，還剩好多呢。」

「好。」

兩個人就這樣喝了起來。其實，「鬍的」已經酒過一巡了，現在又有了正當的喝酒理由，高興得一次又一次去溫酒，談話反而延後了。李瑞榕和「鬍的」的太太也是一杯接一杯，雖然他不太能喝，但盛情難卻，也喝了不少。他們本來是有許多話要講的，現在卻不知該從何處談起？想講的又太多，一時竟找不到合適的話題，眞是煞費腦筋。

「鬍的」就像一隻喪家之犬，消瘦了許多，加上滿腮沒整理的鬍鬚，更顯得一副落魄相，他從前那種薩摩武士的豪放之氣已經蕩然無存了。他太太也一樣老了很多，黑髮夾雜著白髮。說的也是，從那時候起，已不知道過了多少年了？中學校四年、高校三年、大學三年……即便現在，李瑞榕也不曉得「鬍的」的正確年齡了。可是眼前這個滿懷鬱悶、不斷把酒灌進嘴裡的「鬍的」，卻像一個五十開外的人，一臉的疲憊與落寞。

「老師，自那以後，我一直擔憂您過得如何呢！」

「什麼嘛。我當然繼續當學校的老師啊。也沒什麼好去的地方。倒是教你們的時候最有幹勁了，也最有趣。對了，那是我來台灣的第三年，剛好是退伍不久的二十五歲熱血青年。該怎麼說呢？我好像做了很多過份的事。現在想起來也冷汗直冒呢。不過，我並沒有惡意，總覺得是爲你們好。當然，我也不對。可是大概只有你最瞭解老師的苦心吧……」

「翳的」瞇起眼睛避開李瑞榕的視線，語調哀訴般地說著。說完，一口氣喝乾了杯中的酒。李瑞榕心想，如果「翳的」一生中最寶貴的二十歲到四十歲的時光是在台灣度過，又僅只教李瑞榕那班五年是他最重要的收穫，那麼，哪怕是讓他蒙受一點點良心上的譴責，也沒有比這些寶貴的回憶更令人感傷的了。

除了對李瑞榕，「翳的」的做法決不是所謂「爲你們好」那種有情有義的人。李瑞榕想起當時「翳的」對學生們的不當體罰，他是在撒謊！但話說回來，都已經是過去的事了，追究下去也無濟於事，那無異是一種「鞭屍」罷了。

「老師，我們從來不覺得老師對我們不好，這樣做反而讓我們印象深刻。」

「不，不。」「翳的」堅決否認了。「我教過的學生有成百上千吧？從來沒有人想起我或找過我，只有你。」

「…………」

李瑞榕不知該如何回答是好。因爲大家都不知道「翳的」的行蹤，他自己也是今天晚上才巧遇的；但不能否認的是，他不但有非得把「翳的」找出來的熱情，同時也認爲有其必要。

「翳的」這樣自虐性地自白：

「瑞榕，這麼說也許有點誇張，這段時間我一直覺得『國家興亡，匹夫有責』，日本戰敗，我也有責任。總之，像我在台灣住了快二十年，一句台灣話也不懂，不會說，至少也該會聽吧，我卻一竅不通，之前我認爲沒有學習的必要，反正你們懂國語（日語），在生活上也沒什麼不方便的，覺得很舒適。但是這就是失敗的根源。如今，說這些爲時已晚了。即使不是從政者，也應該學習當地的語言和風俗習慣，相反的，我們還徹底認爲它是不入流的東西呢，瞧不起它，也難怪台灣人大爲光火。日本戰敗之後，我們才終於瞭解根本沒有得到民心，一夜之間變成敵人之地，這簡直跟俘虜一樣痛苦。統治五十年的台灣尚且如此，更別提中國、南洋了。日本的確輸了，一旦輸了，就慘了。」

李瑞榕於心不忍地看著「鬍的」。在李瑞榕看來，他們國家與國民之間的關係竟如此緊密，他是感覺有點稀罕和令人羨慕了。這就是所謂的「徹底」與「率性」的國民性嗎？這和不曾擁有過自己的國家，經常飽受欺凌、卻「表裏不一」變得狡猾的台灣人有根本性的不同。但即使國家亡了，民族被征服了，絲毫也算不上什麼，根本不值得悲嘆，也用不著洩氣，因爲並非不年三百六十五天每天都下雨，總有一天會遇上好運道的。對目前的「鬍的」來說，這些安慰話是最貼切了，但他偏偏說不出口，或者說了，他也不會理解，李瑞榕直覺到，現在除了沉默，沒有更好的辦法了。

驀然，「鬍的」好像想起什麼愉快的事，笑了起來。

「瑞榕，我剛才說自己一點也不懂台灣話，你有什麼感想？我這個粗魯的人，還記得兩三句話呢。」

「比如說哪幾句？」

李瑞榕也興趣盎然地眼睛爲之一亮。

「『清』，就是台灣人；『汝』，就是『你』。」

「什麼！這種話……………」

李瑞榕不由得抿起嘴唇，壓抑的心情又被翻攪了起來。這是「翡的」最不可原諒的地方了。如果是「翡的」理解錯誤的話，那麼這種錯誤也太可怕了。

不過「翡的」根本不在意李瑞榕的反應，這回他不談故鄉鹿兒島了，繼續天眞地訴說他對台灣的鄉愁。

「以前的台灣眞好啊。物價便宜，生活有保障，一切都很順利，眞使人懷念。」

「可是老師，對我們來說，過去的生活既沒有保障，做什麼都不順利；以前的台灣一點也不好！」李瑞榕態度認眞地予以反駁。

「喔，你這樣想啊？原本你這樣認爲？」

「翡的」似乎沒辦法理解李瑞榕經常被日本學生欺負，以及特務如影隨形的感受……。

「老師，不要再提這些事了，都過去了。」

他的身體顫動了一下，彷彿要揮去不愉快的記憶。

「我還能有什麼打算嗎？現在可真是不知何去何從了。啊，台灣是我的故鄉。我就要被攆回去了，大家都會像我一樣被趕回那個狹窄的國家。光想到這些，就叫人生氣！叫我們怎麼活下去？要種田，沒有土地；要做生意，手頭缺本錢。」

「說的也是。」

「而且，我們一點積蓄都沒有。所以才丟人現臉開始做這種生意，也做得不好。其他的人還可以變賣房屋和家具，換成現金回日本去，可是我老公只喝酒度日……」「鬍的」的太太也淒楚地說了。

李瑞榕想起最近時有傳聞說，即將被遣返的日本人到附近的銀樓搜購金子，準備加工夾在棉被或塞在假牙裡帶回日本，他朝這侷促的小屋瞥了一眼——他印象中的櫥櫃現在擺著四五瓶一升裝的「白鹿」、「菊正宗」清酒，櫻木製的書架全擺上招待客人用的大碗、碟子、飯碗、酒壺、杯子之類的東西。還有常常寫著標準答案的小黑板，眼下卻寫著正在鍋中熬煮的菜卷、魚板、油炸物、豆腐、蘿蔔等等字樣，但今天晚上能否賣光，還眞令人懷疑呢。

他不由得嘆了一口氣。「鬍的」和他太太也被感染似的，跟著嘆息起來。

交談到此停止了。對話一旦停止，反倒陷入一種壓迫得令人喘不過氣的沉默。奇怪的是，李瑞榕雖然知道「鬍的」的處境艱難，卻沒有大力幫助他的想法。他同情他，同時也覺得有點幸災樂禍。他過去十分在意「翳的」的去向，如今見面一談，卻意外地感到掃興。他愈發覺得再這樣談下去，無非是時間和精神的浪費，而「翳的」或許也是藉由他在消磨時間呢，想到這裡，他愈是坐不住了。

呼嘯的風聲中，本來很刺耳的火車汽笛留下微弱餘響消失了。大概那是十一點半北上的末班車，下車的旅客成了這一帶路邊攤最後的客人。

李瑞榕終於站了起來，腳步微顛。

「翳的」微嘆似地說道：

「要回去了啊？還可以坐嘛！」

「老師，時間很晚了，我下次再來。」

李瑞榕陪酒豪「翳的」喝酒，是有些過量了，但還不至於到酒醉的程度。他喝酒之後，通常是頭疼欲裂，然後就昏昏欲睡了。

「有空多來坐坐唷。」

「翳的」落寞地說著。他似乎也醒悟到他們之間已橫亘著一道無法跨越的鴻溝。這鴻溝讓他們傷悲地分開了。

「對了，師母，這個請妳收下。」

因為剛才談話中提到中學老師月薪八百圓的事掠過他的腦際，李瑞榕猶豫了一下，從錢包掏出五百圓放在桌上。

「不用了，你又不是客人。我還得請你呢。」「翳的」兩隻手插在口袋說道。

「老師，您不要這麼說，現在跟以前不同了，請您不要介意。」李瑞榕說。

只見「翳的」的太太在圍裙裡搓揉著雙手說：

「不用了呀，眞的，瑞榕。你給這麼多，我要賣兩個禮拜才有那麼多錢呢。」

「哈哈哈…………讓我盡一點心意吧。那，再見了。」

他輕輕點頭鞠了躬，隨即跨上腳踏車。

趁著風勢，他蹬著腳踏車往熱鬧的市區飛馳而去了。

（刊於《ラマンチヤ》創刊號，一九五一年一月一日）（邱振瑞譯）

〔譯註〕

❶一八九六年首批來台教導台灣民眾國語（日語）的六名老師，在台北士林芝山巖遇難身亡。

❷明治時代（一八四九～一九一二）的陸軍上將，明治天皇出殯那天，與妻靜子殉死明志。

❸《古事記》、《日本事紀》中記載，指居住在九州中南部的原住民族。

❹地名，同時也是香菸品名。

❺台灣子弟就讀的小學。

❻指日本節日，即四方拜、紀元節、天長節、明治節的總稱。

詩歌

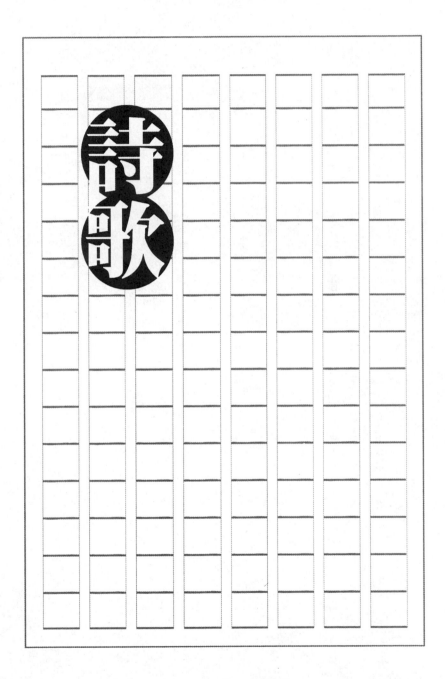

祖國台灣

台湾は
　わが祖国
われここに生き
　ここに死す
一千万は
　わが同胞
とわに喜びと
　憂いをわかつ
さち求めて
　渡りしこの島に
注ぎし父祖の

血と汗と涙
屈辱の過去
ピリオドを打ち
今日より開かん
新して歴史

七絕四首

偶成

征塵求學跋山河
立志功名奏凱歌
瑟瑟雨聲聞戶外
難將歲月任蹉跎

明月下新店溪

扁舟擊棹下新流
慷慨高歌擬古侯
鳥鵲翔南擁雄志
斯溪不減洞庭秋

傷心賦

瑩瑩秋月照衣寒
颯颯西風逗碧欄
寂寞孤燈誰共語
獨憐低首倚闌干

逍遙有感

男兒屈守似雲封
宛若池魚漸隱蹤
震動春雷揚志氣
一經燒尾便成龍

短歌

（無題）

バスを待つ人群の前を水牛ら鈴をならして通りにけり

下宿生活

落ちし蚊をつまんで見たり我勝てり息をばこめて吹き飛ばせり
おそい夜は布團しく手もつとやめて犬の遠吠寒々と聞く
家の人皆退きてうち向ふ夕餉の卓を陽ほのかにさせり

大稲埕にて

唐先きに鷄の太股長々とぶら下げたりな物なき時に

現時台灣政治歌

中共喝解放 Tiong-kiong hoah kai-hong,
自稱老祖公 chu-chheng lao-cho-kong.
雖然毛澤東 Sui-jian Mo Tek-tong,
汝講我不懂 li kong, goa put-tong.

中國汝做王 Tiong-kok li choe ong,
地獄抑天堂 te-gok ah thian-tong?
阮是無話講 Goan si bo oe kong.
可憐着西藏 Kho-lian tioh Se-chong,
自治變滅亡 chu-ti pi^n biat-bong.

台灣無彼憨　Tai-oan bo hiah gong,
請汝唔通摸　chhia^{n} li m-thang bong.
逐兮眞勇壯　Tak-e chin iong-hong,
步步有持防　po-po u ti-hong.
那是覓來攻　Na-si beh lai kong,
的確覓阻擋　tek-khak beh cho-tong.
海峽做墳墓　Hai-kiap choe hun-bong,
包領汝水葬　pao-nia li chui-chong.

日本一陣憨　Jit-pun chit tin gong,
認賊做祖公　jin chhat choe cho-kong.
燒香去進貢　Sio-hiu^{n} khi chin-kong,
講是共產黨　Kong-si Kiong-san-tong,
燒酒配蟳管　sio-chiu phoe chim-kong,
查某麻雀摸　cha-bo ba-chhiok bong.

另外一陣憨 Leng-goa chit tin gong,
效忠國民黨 hau-tiong kok-bin-tong.
爲着事業創 Ui-tioh su-giap chhong,
消極變反動 siau-kek pi^{n} hoan-tong,
損球帶別莊 kong-kiu toa piat-chong.
好額愈品捧 Ho-giah ju phin-phong,
心肝愈散凶 sim-koa^{n} ju san-hiong.

可惜秀才郎 kho-sioh siu-chai-long,
海外著流亡 hai-goa teh liu-bong.
無彩著用功 Bo-chhai teh iong-kong,
志氣無堅強 chi-khi bo kian-kiong,
結局無路用 kiat-kiok bo io-iong,
回鄉期渺茫 hoe-hiong ki biau-bong.

可惡國民黨 kho-o^{n} kok-bin-tong,

乞食趕廟公　khit-chiah koa^n bio-kong.
招牌掛正統　Chiao-pai koa cheng-thong,
大陸覓反攻　Tai-liok beh hoan-kong,
實在是反動　sit-chai si hoan-tong.
莫怪人誹謗　Bok-koai lang hui-pong,
國聯被追放　kok-lian pi tui-hong.
經濟會興旺　Keng-che oe heng-ong,
一時怪現象　chit-si koai hian-siong,
矛盾處處藏　mao-tun chu-chu chong.
看汝若賢擋　khoa^n li joa gao tong.

台灣咱開創　Tai-oan lan khai-chhong,
原本主人翁　goan-lai chu-jin-ong.
精神無健康　Cheng-sin bo kian-khong,
煞與人食倯　soah ho lang chiah song.
過去是天皇　Ke-khi si tian-hong,

即滿是總統 chit-ma si chong-thong,
要求咱盡忠 iau-kiu lan chin-tiong,
據在人使弄 ku-chai lang sai-long.
干但喝冤枉 kan-ta^{n} hoah oan-ong,
見笑無塊講 kian-siau bo te kong.

暴政愛抵抗 Po-cheng ai ti-khong,
發奮改現狀 hoat-hun kai hian-chong.
獨立咱希望 Tok-lip lan hi-bong,
人人做英雄 lang-lang choe eng-hiong,
參加來運動 chham-ka lai un-tong,
大家那共同 tai-ke na kiong-tong,
的確會成功 tek-khak oe seng-kong.

札記

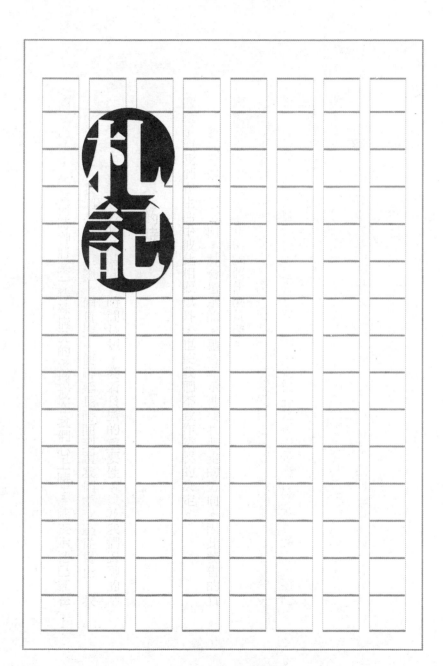

文學革命與五四運動

一九一五年起數年之間，以北京大學爲中心而釀成的中國一大新文化運動，一般稱爲「文學革命」。該運動不只提倡相對於古文的白話文（口語文），也就是並沒有關在象牙塔中進行理論鬥爭，還進一步展開了「五四運動」這種世界罕見的民族運動，使得整個運動的意義更加重大。

雖然第一次辛亥革命已經達成了許多人「排滿興漢」的民族革命目的，但五千年來封建社會的組織依舊存續，精神文化層次還是非常低劣，孔教仍然支配著全中國人的思想。除此之外，中國的經濟發展仍是亞洲式的生產模式。總之，就是這樣的環境，提供了袁世凱等封建軍閥生存的空間。然後，對清朝放棄希望的帝國主義者開始利用袁世凱一派封建軍閥，以他們爲傀儡，吸取國民膏血，使得中國時局更加混亂。相對於此，抗爭的中心一處在廣東，一處在北京。經歷過數次失敗（如第一次討袁之役被岑春煊壓迫、遭陳炯明叛亂等），孫中山終於瞭解，沒有得到社會大衆支持的革命，不可能成功。於是孫中山在一九二三年（民國十二年）一月二十六日發表「孫文越飛共同宣言」，推動與俄國合作，也就是國共合作。當年十二月國民黨改組，接納許多共產黨員加入。

廣東以國民黨爲中心的這種抗爭，主要是政治性與軍事性的。不過，可說是這些政治與軍事鬥爭基礎的思想與理想鬥爭，早在一九一五年左右就以北京大學爲中心開始醞釀、擴散了。因此，一九一九年的五四運動，其實就是這種思想戰的實踐，也是必然的結果。

一九一六年蔡元培成爲京師大學堂校長之後，立刻改校名爲北京大學，並且聘請陳獨秀擔任文學院院長，校風爲之一變。當時李大釗、錢玄同、劉半農與魯迅等人都在北大，熱烈地引進歐美自由主義政治理論、文學與思想，還創辦了《新青年》雜誌。《新青年》第二卷第三號刊登陳獨秀根據唯物論徹底批判儒教的文章，這是第一篇以科學方法砭中國舊社會的尖銳論述，對於當時仍在封建社會桎梏下呻吟，不，甚至是被桎梏而已經痲木不仁的全中國人而言，這篇文章帶給他們的衝擊，眞可說是晴天霹靂。民國六年一月，正在美國科羅拉多大學留學的胡適在《新青年》第二卷第五號發表〈文學改良芻議〉一文，立刻引爆歷史性的文學革命。胡適主張推動白話文學，他認爲有幾個基本要求，㈠須言之有物、㈡不模仿古人、㈢須講求文法、㈣不無病呻吟、㈤務去爛調套語、㈥不用典、㈦不講對仗、㈧不避俗字俗語。胡適的目標是，不要讓學問繼續被少數知識階級獨占，打破支配階級與被支配階級之間數千年來無法跨越的鴻溝，讓知識對民衆開放，放棄擁護封建支配的儒教哲學以及繁瑣的八股文、駢体文，以白話文解放新生的中國。胡適的文章刊出後，立刻有陳獨秀在隔一期雜誌上發表文學改革論，北大許多教授與自由主義作家如周作人、郭沫若等人也加以呼應。這些對於舊社會的宣戰佈告立刻激發全國知識青年總動員，再加上一九一七年俄國革命成功，更將運動帶到最高潮。當時馬克思與列寧的思想引進中國，給予仍是半殖民地、被壓迫的中國年輕學生非常大的刺激。他們紛紛將馬列思想奉爲校園的自由之神，熱烈擁護、學習。不僅如此，政治運動也大都以馬列理論爲依趨。這就是著名的五四運動的起因。

一九一九年一月十八日，中國派遣陸徵祥、顧維鈞、王正廷爲全權大臣，出席巴黎講和會議。雖然這幾位代表在會議上提出列強應該放棄在中國的勢力範圍，撤回軍隊與警察，撤除外郵電台，歸還租借地與領事裁判權，並且取消日本的二十一條要求等等。但這些提議沒有被接受。反之，日本從德國手中接收了山東半島的權利。這項報導立刻震驚中國，以北京大學學生爲首的三千學生很快聚集起來，從天安門走到中華門，形成聲勢壯觀的示威遊行。學生大呼口號，攻入親日派巨頭、交通總長曹汝霖私邸，並且痛毆駐日公使章宗祥與財政總長陸宗輿。政府一開始採取懲罰學生的方針，但反而激起全國學生界反彈，相互串聯、組織，瞬即發展到上海、廣東與南京、天津、武漢等地。六月十九日，全國學生聯合總會於上海成立。抵擋不住抗議浪潮的政府只好將上述三名官員罷黜，這當然是學生們的一大勝利。所以，由學生主導的五四運動，是文學革命的勝利、新知識對舊社會鬥爭的勝利。如此嚴然不容抹滅的歷史事實，當然值得有心整頓台灣社會、改造台灣社會的有識之士參考與學習。

（原刊於龍瑛宗主編的《中華日報》文藝版，一九四六年四月十九日）

（蕭志強譯）

打破封建文化
——台灣青年應努力之道

過去台灣青年男女的年少生命備受腐蝕，多半養成不求進步、消極的人生觀。其罪惡元兇，無非就是封建社會。因此，今天我們要建設新台灣，追求眞正的自由與幸福，首先就必須打破封建社會。更何況中國自從文學革命以來，早有無數前輩烈士嚴正地指出，打破封建社會的鬥爭，是拯救中國的唯一大道。這是符合歷史潮流的做法，因此，打破封建社會的鬥爭，絕對是正義的行爲，我們不必有任何懷疑猶豫。眼前我們該走的路已如此淸楚，因此，僅列幾項具體目標提供讀者參考。

第一，我們應針對孔教做徹底的批判。孔教絕非永久不變的眞理，孔子不過是一代哲人，絕非萬世師表。他的學說之所以能在中國兩千餘年間盛行不墜，主要是因爲中國的封建式農業社會一直沒有出現本質性變化，而孔子的學說剛好適合這種封建農業社會的生產體系。因此，今天作爲思想的背景，也就是社會經濟組織，已經改變，孔子的學說當然也得面對根本的批判。舉個例子，孔子所謂「民可使由之，不可使知之」的思想，多麼地與民主思想背道而馳，大家只要稍微思考就可瞭解。換言之，孔教其實是統治階級的政治哲學，這點陳獨秀、胡適與呂振羽等人早已說得很清楚，我們也絕不可繼續將孔教奉爲金科玉律，不加思考地全部吸收，而應以現代精神加以批判，其中若有適當的部分，才加以接受（未來若有機會，當再詳論這部分）。

第二，打破大家族制度。大家族制度是孔教中最畸形的發展之一。比如，我們常看到一些可說是前世紀的耄耋老人，他們具有根深蒂固的「孝順」思想，動不動就對年輕世代說教，強調「順即是孝」。在孔子思想作後盾之下，這些老人在家庭內部變成絕對專制的君王。結果，膽量不夠大的青年男女紛紛成爲某種程度的「買賣結婚」的犧牲品，只能在黑暗中哭泣自己的不幸。

當然，父母親很重要，只是，對於年輕人而言，找到自己應該遵循的眞理更加重要。比如，我們爲何要活在世間？如果這類問題都完全沒有思考，怎麼可能發自內心孝順父母？在此，藤村早期的作品《春》，我想很值得我們參考〔譯按：島崎藤村這部小說深刻批判日本家庭制度〕，其中特別提到，「台灣有家族，卻沒有家庭」，更是一針見血。

第三，我們應該打倒土豪劣紳、貪官污吏。如果不把他們打倒，我們的社會永遠不可能提升、進步。這些人罪惡多端，當然不必我多費唇舌一一列舉。

第四，我們應該打破迷信。包括乩童與宋江陣（獅陣）等等，都應放棄。光復後的奇特現象之一，就是這些迷信者大白天堂堂在馬路上招搖。他們打扮卑俗、動作野蠻，還發出難以形容的怪聲，並以鼓、鑼敲打難聽的節奏，不禁令人聯想到非洲或者南洋的土人。我想如果把他們放到美國，大概也會讓美國人瞠目結舌，認爲是「千金不換」的奇景吧。就像魯迅早已指出的，「如果要崇拜，我寧可崇拜新的偶像，而不要被那些陳腐的東西繼續洗腦。」所以，與其崇拜孔子、關羽，不如崇拜達爾文、易卜生。與其崇拜瘟將軍與五道神，不如崇拜、供奉阿波羅神。

第五，我們應該普及衛生思想。這和打破迷信是一體的兩面。事實上，台灣人長期以來大量因爲霍亂、天花、瘧疾而死亡的，幾乎都是喜歡喝「符水」、在家裏張貼黃色銀紙的人。他們多半信奉虎爺等神明，相信神明可以顯靈，爲他們治病，所以即使揮汗舞龍舞獅，他們也不累。但這些人的前輩，早在四十六年前的義和拳事件中已破功。他們完全沒有科學精神，被西方軍隊痛擊，是理所當然的。所以，我們應該教導這些沒有知識、文盲的人，讓他們瞭解科學的好處與可靠才行。

以上五點是我對封建社會的初步批判，也是我們目前最應努力首要任務。即使今天我們已經驅逐日本帝國主義，但台灣顯然還沒有獲得眞正的自由、幸福與和平。其原因主要就是封建社會的殘滓尙未徹底清除乾淨。我們能讓自己的青年繼續有氣無力地隨波逐流嗎？當然不行！所以大家要站起來、一起團結。歷史的女神已經在召喚我們，要我們打破封建社會，向前邁進！

（原刊於龍瑛宗主編的《中華日報》文藝版，一九四六年六月七日）

（蕭志強譯）

孔教再認識

一、前言

孔子是中國自古以來最偉大的文化人，而孔教（儒教）也是世界上重要的哲學體系之一。這是難以否認的歷史事實，我們應該加以珍惜。然而，許多人往往惑於孔子的赫赫光芒，無法看清楚問題，結果變成只要貼上孔教標籤的東西，就毫不思考地照單全收。特別是罹患封建思想病的人，更是普遍中了「似是而非孔教」的毒，甚至以爲自己就是孔子傳人。而這樣的人對於新時代發展的阻礙與破壞，是我們必須正視的問題。簡單講，他們的錯誤，主要是過度尊敬孔子，忘了以科學的態度加以批判。如果孔子知道後代的中國人如此沒有骨氣、不敢長江後浪推前浪，就絕對不會說「後生可畏」吧。事實上，孔子所期待於後世之人的，無非是大家應該有批判先人、揚棄先人不合時宜作法的精神，然後追求更完美的事物。以下我將遵照孔子的希望，大膽地提出批判，指出人們因爲長期以來錯誤地理解孔子，導致給予孔子過度評價的不當。當然，觀點若有不成熟之處，還請社會賢達不吝指正。

不能否定，有道是「英雄造時勢」，也就是人類能主動地創造歷史。但從另一個角度看，我想沒有任何人會相信，歷史可以由某個人自由加以改變或創造。

二、研究方法

根據現代社會學的研究，社會運轉本身都有其自成一套的因果法則，以此進行辯證法的發展。而人要對社會發揮作用、促進社會發展，都必須在這種歷史必然性允許的範圍內，才能成功。換言之，英雄雖然可以造時勢，卻終究無法超越歷史的必然性。

由此可見，人類的意識原本就會受到社會的制約與影響。只是，這樣的事實往往被人們忽略。因此，我們研究歷史上著名人物的思想（比如孔子）時，若想避免犯錯，首先就得針對該人物所處的時代經濟基礎，特別是上部構造的政治形態本質，淸楚地瞭解。畢竟人的思想都是在社會基礎上建構起來的，不論什麼思想與理論，都會受到該社會的環境與歷史制約。若完全不受這方面的制約，恐怕就只是幻想與空想了（這方面最好的例子就是十九世紀初期的空想社會主義），對於社會也不會有任何好處。從這個角度出發，要正確認識孔子、瞭解孔教本質時，我們所應採取的態度絕對不是奉孔子爲「萬世師表」，像圖騰偶像那樣膜拜，而是把孔子視爲單純的時代人物、社會人物，然後用科學的放大鏡聚焦加以解析。

三、孔子的生平與其時代

孔子姓孔，名丘，字仲尼，魯國鄒邑（山東省曲阜縣）人，生於周靈王二十一年（BC五五二），卒於周敬王四十一年（BC四七九）。其先祖乃是宋公族，因避難遷居魯國，此不過是孔子數代之前的事而已。魯定公十年，孔子以大司寇身分陪定公前往來谷會齊侯，孔子在公眾場合幫魯君保住面子，一時名滿天下，這是孔子最風光的事情。孔子是非常有行動力的政治家，只不過他打算削減三桓政治勢力，卻反遭失敗而下台。但他難捨對政界的期望，便開始周遊諸國、遊說各國政治領導人。只是最後他還是不得不失望地回到魯國，此後便專心扮演教育者角色。限於篇幅，孔子的一生無法做更詳細的介紹，在此我想我們最應該注意的是，孔子生存在春秋亂世，而孔子的社會地位是沒落貴族，也就是封建君主的家臣。

春秋時代，完備於周初的中國「初期封建制度」開始急速崩壞，這個崩壞過程後來愈演愈烈，到了戰國時代更進入高潮。當時封建制度之所以遭遇挑戰，實際上主要是殷人（商人）主導的商業愈來愈發達，商人階級勃興，他們以經濟實力參與政治，左右社會發展。如此一來，傳統封建秩序就只有潰滅一途了。而分析當時的社會現象，我想可以歸納出以下幾點：一、位階身分的混亂。二、諸侯相互侵略與兼併。三、農民庶民與封建領主鬥爭，導致封建統治階級地位動搖。四、宗法制度的破壞。日本方面和這種狀況類似的，大概就是室町時代到戰國時代爲止的動亂吧。孔子如何面對這種時代變動，大體上都寫在《論語》二十篇與《春秋》等書籍中。我認爲要正確地理解孔子的思想與理論，必須先瞭解春秋時代的時代特質，以及孔子的社會地位。

四、孔教的本質

針對前述各種社會現象，孔子不認爲它們是封建制度內在矛盾發展的必然結果，他的解釋是「世衰道微」，也就是所有問題都起因於人們不遵守先王之道。也就是孔子選擇單純從道德的觀點對這些問題下判斷。孔子不只追慕西周社會，甚至把西周社會當作是唯一的理想政治形態，他說：「周濫於二代，郁郁乎文哉。吾從周。」論語〈述而篇〉更說：「子曰，甚矣吾衰，久不夢見周公也。」可見孔子一生最敬慕周公，甚至每天睡覺都無法忘懷。或許因爲孔子一生的理想以及奮鬥目標，就是恢復周公制定的禮樂，完成周公理想吧。武內義雄在《支那思想史》一書中指出，孔子這種做法是很明顯的「復古主義」。呂振羽的《中國政治思想史》則直呼其爲「保守主義」。事實上，後來中國人經常把堯舜之世與周公之治視爲理想社會，多半是受孔子影響的結果。

話說回來，若要具體條列孔子思想的特色，首先應該是「正名主義」。對於孔子而言，「正名」乃是恢復封建秩序的重要武器。「子路曰，衛君欲待子而爲政，奚先爲之？子曰，必也正名乎。……名不正則言不順，言不順則事不成，事不成則禮樂不興，禮樂不興則民無所措手足。」換言之，孔子認為如果能讓每個人安於自己的位階與身分，遵守各自的大義名分，則天下可治。然而如何才能做到這點？孔子說，「自天子以至於庶人」都應修養「仁」，只要人人因此變成「君子」，就可獲得成功。

第二，我們必須探討孔子的禮治思想。前述，孔子非常重視位階名分，至於其規範尺度，顯然就是孔子所謂的「禮」。禮有天子之禮、諸侯之禮、大夫之禮、士之禮等不同等級，能遵守這種大義名分的人就是「守禮」、「有禮」。因此，孔子聽到「季氏舞八佾於庭」時當場憤怒不已。對孔子而言，八佾是魯侯祭拜周公時的專屬儀式(禮)，季氏只是大夫，當然不可僭用。除此之外，從倫理的角度看，禮可視為「仁」的對外表現。所子孔子說：「非禮勿視，非禮勿聽，非禮勿言，非禮勿動。」

第三，孔子的「命」與「德」思想也值得探討。呂振羽在這兩點上提出了相當大膽的解釋。他認為孔子的統治政策就是「民可使由知，不可使知之」，是一種愚民政策。但若民眾在政治上已有覺醒，孔子便搬出他的迷幻藥。這種迷幻藥首先是「命」，其次是「德」的主張。孔子強調「生死有命，富貴在天」，無非是要求社會大眾認命於自己所處的社會階級，不要尋求改變，這簡直就是餵貧苦的社會大眾吃嗎啡。而就像榨乳也必須預防被乳牛踢到，孔子也警告為政者必須注意「不患寡，而患不均」，也就是必須以「德」(公平)治理民眾。由此可見，孔子不僅教導統治者如何治理民衆，還指引被壓迫者成爲道德性君子的道路，藉此形成預防叛亂的安全閥。

第四，孔子「仁」的倫理哲學也値得批判。根據淸阮元的硏究，整本《論語》提到仁的章節有十八章，「仁」這個字總計出現一百零五次之多（論語論仁篇），可見孔子多麼重視「仁」。然而，孔子只討論到達「仁」的方法，卻不碰觸仁的本質。武內義雄認爲，「仁的本質乃親愛之情」，其具體表現是五常之道，也就是君臣、父子、夫婦、兄弟、朋友之道德。「臣而弑其君者有之，子而弑其父者有之」的春秋亂世，孔子認爲這是五常之道（五倫）頽廢導致的結果，所以他特別強調仁。而由於他強調這種抽象倫理的社會觀，孔子在封建社會頗受尊崇，即使到現在，還被許多保守人士尊爲「至聖」。

五、結語

有人認爲，中國能經歷五千年還保持統一、沒有亡國，主要是孔子的功績。亦即，孔教以及孔子的論述是四億五千萬人心靈的最大支柱，促成國民的向心力。過去太平天國之亂時，曾國藩自稱是「名教的衛士」，擎起「護孔」的大旗號召鄉勇。民國之後爆發文學革命，當胡適、陳獨秀、李大釗等人組成聯合陣線向孔教代表的封建文化宣戰時，仍受到反動政府的阻撓。由此觀之，中國要開展新機運，勢必得對孔教宣戰，而保守反動勢力也必然跳出維護孔教。當然，絕不能說批判孔教的人就是賣國奴。相反的，正因爲他們深愛中國，才勇敢地主張揚棄孔教。其用心良苦，實難能可貴，何可批判否定？

以上粗淺的研究，希望能提供讀者一些參考。當然，菲才淺學之處，還請社會賢達與良識多多批評指導。

（原刊於龍瑛宗主編的《中華日報》文藝版，一九四六年七月二十六日、八月一日）

（蕭志強譯）

徬徨的台灣文學

台灣在文學方面絕非沙漠之地，相反的，這裏擁有對文學創作而言非常豐饒的土壤。台灣人的文學熱情絕不輸於賺錢的幹勁。但很不可思議的，文學創作方面像台灣這樣困難重重的實例，非常罕見。台灣人一向勤勉努力，不斷在自己的文學土壤上澆水、施肥，但還是沒辦法產生優秀的文學作品。爲什麼會這樣？最近我甚至有一種感覺，難道台灣文學受到什麼詛咒了？

台灣可說到處都是文學題材。即使不必追溯到據說台灣島被發現的隋代，進入近代史以來，幾乎所有世界重要潮流都會影響台灣。實質上，台灣島已成遠東地區各民族相互角力的場所，史料當然非常豐富，社會環境也因此常常改變。這對於文學、電影乃至於戲劇而言，都提供了非常豐富的材料。更何況住在這個島上的人們，原本就有充分掌握這些材料並且加以發揮的才能。既然有這麼好的條件與環境，爲什麼我們的文學創作長期不振、沒有可觀的成果？我想這顯然是後天因素，也就是不夠努力。我不禁想到，或許因爲台灣遭遇一場又一場的災難，我們的文學因此受到某種詛咒吧。

日本時代台灣人開始出現小說家，也是最近的事情而已。在此之前，勉強能稱得上文學作品的，幾乎都是老人的風花雪月小說以及五言絕句等古詩作品。若勉強算進來，「阿Q之弟」的《可愛的仇人》這部作品算是早期較夠格的現代文學作品。但即使如此，這部作品雖算得上是大衆小說，藝術價值卻不高。我們不禁懷疑，爲什麼台灣的文學發展如此萎縮？主要原因是，我們的年輕人拚命學習日語，必須花四十年左右才能像日本人那樣熟練地操作日語。而也只有到此階段，台灣小說家才展現文才輩出的榮景。包括王白淵、楊雲萍、龍瑛宗、呂赫若、張文環與楊逵等人，都是極優秀的作家，但這些作家都有一個共同特點，他們幾乎不太處理台灣特殊的、活生生的人情事物，而總是選擇比較沒有爭議的題材。當然，在恐怖統治之下，這也是沒有辦法的選擇，這些作家可以說「全都戰戰兢兢，如臨深淵、如履薄冰」。在此情況下，當然不可能產生非常好的作品。除此之外，西川(滿)一派所主導的古董趣味文學作品，在台灣文學上佔有重要地位。這派文學作品，和傳到台灣來的日本宗教一樣，都是在台日人之間把玩的東西，他們頂多以異國情調的筆觸介紹台灣，卻不深入。不巧後來大東亞戰爭爆發，日本政府更結合日本人作家，拚命鼓吹皇民文學。於是台灣作家面臨兩種選擇，一種是走皇民文學的路線，寫一些「虛假文學」、冒瀆自己的民族？不然就是乾脆完全放棄文學創作。結果發現，除了極少數無節操的御用文人之外，大多數台灣文學工作者都選擇了第二條路。換言之，即使有非常豐富的創作材料，創作動機也很強烈，他們還是只能悲嘆弱小民族的不幸命運並且放棄創作。你能不說這是被詛咒的宿命嗎？

接下來台灣光復了。我想這些作家一定滿懷抱負，想把日治時代不能下筆的題材拿出來好好表現一番。然而，大家的興奮之情馬上被澆了冷水，因爲大家發現，辛苦學會的日文根本沒有機會派上用場。可憐的是，這些已經成年的作家都必須從新學習國語，變成國語講習所的一年級新生。當然，他們從必須「多聽、多說、不怕笑」的口語，一直到掌握文學修辭方法，得耗費相當時日。結果，等他們學會國語，也就是像本國的老舍、郭沫若與茅盾等人一樣，能用流暢的白話文創作文學，恐怕社會大衆早已忘了他們的存在，文學的創作空間早就被新世代作家取代了。

當然，這些都是將來的事情，或許不需在此操心。在台灣的社會講未來不確定的事情，很容易被嘲笑。好吧，那麼我們不妨專注地討論現在的狀況。眼前我們還可以樂觀地期待，因爲我們有非常民主的政府，和日本政府大不相同，應該會尊重言論與出版自由吧。但如果事實不然，則恐怕台灣文學的發展，還要遭遇雙重障礙。目前台灣的文學發展狀況如何，我想頂多可以勉強列出「阿山文學」這種文類吧。然而，「阿山文學」本質上是來台灣的外省人作品，頂多只是皮相介紹本國的短篇作品。更何況大多數台灣人都還無法閱讀國語，這樣的作品當然無法獲得大衆共鳴，價值當然不高。

之前不久，台北當局禁止「壁」（戲劇）重演，若未來類似的情況持續出現，將來台灣文學必然被嚴重絆手絆腳。啊，你能不說台灣文學是遭受神明惡意的詛咒嗎？

（原刊於龍瑛宗主編的《中華日報》文藝版，一九四六年八月二十二日）

（蕭志強譯）

爲了能夠內省與前進

——台灣人的三大缺點

孟子說過，「人必自侮之，而後人侮之；家必自毀之，而後人毀之；國必自伐之，而後人伐之。」(離婁篇上)這段話套用在台灣人身上是非常貼切的。確實，雖然五十一年前我們曾建立東洋第一個民主國，但立刻潰敗消滅，之後台灣人就淪爲可憐的被支配者。在此情況下，我們只能安慰自己，說自己還是名義上的台灣主人。爲何台灣人必須受外來統治？難道只是因爲台灣的地理條件不佳以及台灣人武力太弱嗎？這些外在因素並非主因，最重要的還是應該從內在因素探討。許多人認爲，台灣之所以不幸，全都是外來統治者不當壓迫所致。被壓迫當然是事實，但台灣人難道不是也「逆來順受」、完全沒有反抗嗎？所以，指責別人之前，我們應先有所反省。這就像蘇格拉底說的，「你們應該先瞭解自己。」

台灣人的缺點，首先就是忌妒心太強。有人說，女子喜歡忌妒，所以會和丈夫吵架、鬧彆扭、詛咒丈夫、殺害丈夫，因而摧毀家庭。如果居於社會重要地位、政治見識較高的男性也有這種缺點，當然就會阻礙社會發展。這是非常可怕的事實。回顧過去台灣的政治運動史，就可發現同一個陣營內同志的分裂、反目與中傷，可能比對外鬥爭激烈，但長期以來卻沒有人發現這種問題的嚴重性。結果，所謂「鷸蚌相爭，漁翁得利」，台灣人自己內鬥，就很容易被外來者個個擊破，最後被外來者完全掌控。台灣人一向喜歡出頭，誰也不服誰。這是最可悲之處，台灣人太沒有肚量，不會承認、佩服對方的能力，甚至會有默契地把較強的人拉下來。之所以如此做，原因很簡單，就是忌妒、不希望有人脫穎而出。結果，台灣雖然是我們生存的地方，過去卻不斷付出流血與沉重的代價，一再讓外來民族統治，一再讓別人笑我們傻。

第二，台灣人的拜金思想非常嚴重、普遍。爲了賺錢，可以出賣同志，甚至出賣整個民族。今天大家談打倒貪官污吏的重要性，但究竟是誰製造出這些貪官污吏，容許他們存在的？遇到困難、無法解決的問題，台灣人總是先想到「花錢消災」、用錢賄賂，如此當然會製造貪官污吏。

對許多台灣人而言，過去在殖民地時代最容易賺錢的捷徑，大概就是與統治階級狼狽爲奸，榨取被統治階級——也就是同胞的膏血。這種情況在日本時代非常明顯。當然，全世界不只台灣人有拜金思想，可以說漢民族普遍都有這種傾向，但我們也不能因此就說這是理所當然的。舉個例子，海南島有一些台胞，他們因爲貧窮，甚至被同樣是漢民族的當地人排斥。這種狀況是不是只有在海南島才會發生？事實不然，即使在台灣，恐怕也會發生這類同胞相殘的淒慘現象吧？這不禁令我們好奇，難道人與人之間建立關係的方法，金錢比民族意識更可靠？

台灣人的第三個缺點，就是喜歡阿諛奉承。他們遇到強者時，總是唯唯諾諾、拚命低頭。反之，碰到比自己弱的人，就威風不已、加以欺負。有人說，這是弱小民族不得已的生存競爭手段。因爲生殺予奪大權握在外來統治者手中，爲了活命，台灣人當然某種程度必須忍辱。如果每個人都效法伯夷叔齊餓死，豈不是整個民族都要滅亡？但問題是，有些人變成有錢人了，卻沒辦法做到不亢不卑。他們喜歡向台灣人炫耀自己的權勢，碰到日本人卻又搖頭擺尾、拚命奉承、討好。這種情況最明顯的，就是日本時代所謂的「御用紳士」。不料，光復後這些人見風轉舵，立刻在新統治者面前搖尾乞憐，奉對方爲新的「主人」，面對自己的同胞時，卻只狐假虎威，擺出高高在上的姿態。總之，不管在什麼時代，這些人都能成爲「社會名士」，獲得許多利益，欺壓一般老實民衆。因爲有這類人，難怪台灣人永遠無法出人頭地。但更可悲的，台灣人還是如此愚笨，竟然完全不知道應該排斥、批判這種人，還奉他們爲自己的指導者與代表者，給予相當的尊敬與期待。從統治者的角度看，台灣人未免也太好欺負、太好騙了吧！

我想以上三點就是台灣人衆多缺點中最主要的。所謂愛之深，責之切，那種「凡是存在，一定美好」的盲目鄉土愛，對於建設我們的國家，絕對沒有任何幫助。眼前的世界情勢與國共激烈的鬥爭顯示，我們還沒辦法得到眞正的和平。我們必須認淸，包括台灣在內，整個中國目前正處於火山口，危機一觸即發。在如此緊要關口，如果台灣人不能認眞地自我批判，不能改過向善、一致團結，不能努力累積足夠的實力、爭取自己的幸福與自由，未來的前途恐怕會像墓穴那麼黑暗吧。有道是良藥苦口、忠言刺耳，我們每個人都應以最清澈的理性自我鞭策，而其中最應努力的，無非就是徹底認識自己的缺陷。唯有做到這點，我們才能進一步自我療傷、展現強大的力量，然後面對外來的挑戰與衝突。

（原刊於龍瑛宗主編的《中華日報》文藝版，一九四六年九月五日）

（蕭志強譯）

關於相親結婚

在台灣這樣的封建社會中，自由戀愛大體上是不存在的，頂多只有一些例外。大多數青年男女結婚時，都很難抗拒周遭的壓迫，非常辛酸。因此才從早期自然情況下產生的相親方式，發展到今天成爲台灣人制式的結婚方式。其做法是，先由媒人介紹，有某某人住什麼地方，做什麼工作，瞭解基本資料之後，雙方家長簡單地調查對方的家世與人品，等雙方家長談好九成時，才會進入讓男女當事人見面的階段。此時，從來過著深窗孤獨生活的女孩突然就要和陌生男子見面，除了極少數膽識過人的女孩之外，都難免驚慌、害羞不已，有的甚至連抬頭看男方都不敢。而即使有的能鼓起勇氣偷看男方，恐怕也是腦中一片空白，不知道該怎麼辦。通常，相親時間都很短，雙方家長一陣寒喧就結束了。然後等男方回去，雙方家長就會問男女當事人，「覺得對方如何？」通常，當事人只能點頭答應。如此做法，在我們上一輩的時代，非常普遍。不過，聽說近年來似乎有點改變，主要就是相親時，雙方會口頭問一些結婚當事人的問題，包括對方的想法以及興趣如何等等。只是，彼此幾乎沒有相處經驗，想用一些簡單問題來判斷對方是否可靠，可以說非常不科學，也很荒謬。結果就像學校的口頭考試，難以判定學生成績高低時，許多老師都會採取差不多主義、給予中等分數，這些被要求作決定的青年男女，結果也只能回答：「差不多啦！」勉強地答應家長安排，就這樣決定與自己共度一生的伴侶。

不管從哪個角度看，相親結婚非常不合理。支持這種做法的人卻總是反駁，「可以相親之後再交往，覺得不錯才結婚，即使告吹也沒關係。」但不知道是否筆者寡聞少見，就我所知，台灣人相親後先讓結婚當事人交往一陣子，並且發現彼此不合而放棄的例子，可以說幾乎沒有。事實上，如果台灣社會能容許青年男女婚姻如此自由，一切就都不成問題了。所以，「相親後還可以交往看看」的主張，根本是說易行難。

然後，有些更保守的人認為，相親結婚是東洋社會的固有美德。他們的理論是，過去有許多戀愛結婚的人，婚姻並不美滿，失敗的例子很多。所以他們強調，雖然相親結婚一開始男女雙方會很不習慣、覺得很怪，但相處時間一久，彼此就能更深入瞭解對方，產生更多關愛。但我要指出，這種理論根本是錯誤的。究竟戀愛結婚或相親結婚更能帶給雙方當事人幸福的生活，若要以量判定兩者好壞，我想應該有更大範圍的統計才行，不能以某某人的輕率看法為準，獨斷地認為哪種結婚方式失敗情況較多。

不過，我想更重要的是，結婚的本質是什麼，值得我們深入思考。從愛情的本質論看，相親結婚這種做法顯然把結婚視爲「因」，雙方的理解與愛情則是「果」。但只要稍微深入思考，我想任何人都能發現，這是本末倒置的做法。前面主張「結婚之後再培養愛情」的人，其實是認定雙方當事人既然「生米已煮成熟飯」，不認命也不行了。換言之，相親結婚終究還是用強制的方式，逼迫結婚當事人在一起。所以，即使婚後發現對方有重大缺點，一般人也只能認了，根本無法改變。相反的，如果採取戀愛結婚，這類問題就能避免，不會勉強製造怨偶。

接著，讓我們進一步探討相親的本質。基本上，戀愛結婚並不設定雙方必然要結婚。相反的，相親結婚即使一開始有複數選擇對象，但基本上認定結婚當事人必須從這些對象中選擇一個結婚。在邏輯上，相親結婚的做法認爲，不論什麼對象都可以結婚，婚後夫妻也會有深入的理解與愛情。但從邏輯的另一個角度看，任何相親的對象結婚後，都可能不是好丈夫或者好太太，夫妻倆婚後也不會產生更好的理解與愛情。換言之，相親結婚把男女青年當作「水」，認爲他們不論放到什麼容器，都能變成適當的形狀。這樣的結婚方式，道德上當然不可能有足夠的正當性。倉田百三在其名著《愛與認識之出發》中說道：「沒有戀愛過程的結婚，都是罪惡。」眞是直指核心、一針見血之言。

當然，或許有人會認爲，以上這些論點都只是理想，我也同意，畢竟結婚這種東西，只要雙方當事人能夠幸福，不論採取什麼方式都無妨。但我們也不能因此說「只要結婚當事人後來幸福美滿，決定結婚時受到逼迫也沒關係」。如果人的自由與意志決定不被尊重，我們的社會還能期待進步與發展嗎？

總之，相親結婚是違背歷史潮流與進化的產物，雖然這種結婚方式在台灣社會仍舊普遍，事實上是很不光彩的。今天台灣既然已經進入新的時代，我們當然必須將相親結婚這類封建殘餘一起揚棄。

（原刊於龍瑛宗主編的《中華日報》文藝版，一九四六年九月二十一日）

（蕭志強譯）

語言與文學

語言對人類有多重要，日本人多半不太瞭解。可以說日本人並沒有語言的問題。因爲在語言方面，日本人太幸運了，絕大多數人不會意識到這方面的問題。

同樣的，大多數台灣人也不會認眞思考語言的問題。只不過，和日本人的情況剛好相反，台灣人在語言方面吃盡苦頭、非常不幸，因此，他們不討論語言問題，其實是被迫放棄希望的結果。

但對於有心探討的台灣人而言，再也沒有像語言這樣讓他們充滿屈辱感、令他們坐立難安的問題了。

我們不妨比較二次大戰後的日本人與台灣人。確實，日本遭遇慘敗而被迫無條件投降；反之，台灣人在形式上成爲戰勝國的國民。因此曾經有台灣人強調：

「我們不論在哪個時代，都是一等國民。以前跟著日本人時，和其他國家相比，可說是一等國民。現在改跟隨中國，因爲是戰勝國，當然也是一等國民。」

說這句話的人似乎對自己的遭遇頗感驕傲，並且認為國土已成廢墟的日本人是「四等國民」，非常憐憫他們。

至於日本人之中，共產黨信徒即使到現在還認為日本仍被美國軍事佔領，尚未眞正獨立。他們由於憎恨美國，轉而和與美國敵對的中共站在一邊，對中共頗為尊崇。

但美軍佔領日本期間，並未禁止日本人使用日語。即使被批評為「美國人爪牙」的吉田茂政府，也沒有消滅日語的動作。

相反的，台灣人在日本時代被日本人禁止使用台灣話這種母語，到了國民政府時代，國府同樣禁止台灣人使用台語。

回顧日本統治台灣的五十一年期間，直到一九三七年支那事變（蘆溝橋事變）為止，基本上日本政府都允許台灣人使用台灣話。所以，我父親那一輩的台灣人，都還能用台語發行報紙（雖然只有一家），以台灣話發表演說。

後來台灣人學會日語的愈來愈多，日本政府便開始全面禁止台灣話，要求所有台灣人講日語。一般而言，台灣人有許多想法與感受，只能用台灣話加以表現，然而，台灣話的基礎語彙雖夠用，文化語彙卻很匱乏，必須借用日式的漢語才夠用。

台灣人如果要在日常生活會話講台灣話，以前述基礎語彙以及日本漢語的文化語彙，大概溝通不成問題。但因為台灣話沒有文字，要發表文章就很困難了。大體上，台灣話之中，大約有三〇%找不到相對應的漢字，只能用表音的方式借用漢字。只是如此一來，漢字便失去其特有的表義功能。這樣的做法經常受到重視漢字表義特色的知識精英階級排斥。至於一般社會大眾使用漢字表達台灣話，則常陷入所使用的字是否正確的困惑之中，甚至可能出現讀不懂用漢字寫出來的文章。

倒是，西洋傳教士在台灣發明了用羅馬字拚寫台灣話的方法。只是，如果不是基督教徒，恐怕也很難有機會學會這種文字。加上一般台灣人還是習慣認爲，最好的文字是漢字，羅馬字頂多只能當作漢字的標音符號。用羅馬字拚寫台灣話，並沒有獲得普遍認同。

整體上，日本時代後期，由於台灣知識份子都已學會日語，因此對台灣人而言，這是歷史上第一次有全民共通的文字表記方法。此後隨著就學率提高，台灣人之中也有人成爲作家，他們以日語創作的文學作品，很快的影響到台灣大眾之中。

只是，能成爲作家的台灣人畢竟是少數，絕大多數台灣人只能被動地當讀者。而學校的教材更全部是日本人撰寫的作品，台灣人並不一定能讀到與自己切身有關、想讀的東西。

許多人認爲，台灣人也是中國人。也就是除了血緣相通之外，風俗習慣乃至於語言都相同。

其中，我想特別討論語言的問題。

戰後，台灣人使用語言的問題又產生巨大變化。國民政府雖未禁止台灣人使用台灣話，但公共場所及學校原則上只能講北京話，台灣話被排除在外。這和日據時代的語言政策可說如出一轍。

戰後台灣人最痛苦的事情之一，大概就是國民政府禁止用日語發表作品。這等於要求台灣的精英階層個個變成啞巴。

於是精英階層著急了，他們趕緊努力學習北京話。漸漸的，可以寫文章了，但文學作品還是寫不出來。同樣的，社會大衆也有許多人開始學習北京話，但進步速度緩慢。因爲備受挫折，精英階層的台灣人漸漸瞭解，無論自己多麼努力，恐怕也沒辦法重新成爲作家。

放棄成爲作家的希望之後，他們有的轉而全力培育下一代，期許自己的學生未來能夠成爲作家。不料，當學生們學會北京話後，卻碰到國民政府整個搬到台灣來，無數中國作家同時湧向這個小島。

當然，在運用北京話創作的熟練度上，台灣作家無法與中國作家抗衡。他們害怕遭受中國作家輕視、嘲笑，有的因此憤而封筆、不再寫文章。只是，雖然中國作家來到台灣之後全都變成「台灣作家」，但他們筆下所寫的東西，幾乎都不是台灣人關心的。這些中國作家筆下所寫的，幾乎都是給中國人看的東西。

我們不妨深入觀察中國大陸的語言與文字發展狀況。當國民政府還在大陸時期，大陸大約九〇%的民衆都是文盲，能動筆的，只佔一〇%。而這一〇%幾乎全用北京話書寫，幾乎沒有用廣東話、福建話乃至於上海話創作的文學作品。而廣東人、福建人以及上海人，大概也不會想要用他們的方言下筆。

但台灣人與此不同，台灣人非常希望能用台灣話寫東西，如果台灣話沒辦法文字化，他們也會希望用自己已經熟悉的日語書寫。然而，這兩種願望都完全被國民政府拒絕了，國民政府在思想統治方面甚至比日本統治時代還嚴厲，台灣人要寫文章就更加困難了。

雖然中國人一再宣傳「台灣話和中國話相同」，也有許多日本人相信這種說法。但我要在此明確指出，事實並不然。

至少在語言方面，台灣話與中國話是有差異的。這方面我長期投入研究，也發表了不少文章，相信沒有人比我更瞭解這個問題。

其次，討論語言使用的狀況以及語言政策時，不能忽略的是，政府是否容許一般人研究他們自己使用的語言，並且利用這些語言發表文章。

譬如，儘管大阪地區的人不會想發展專門用來表記大阪方言的文字，但日本政府從來不曾禁止大阪方言，也容許大阪人在書寫中夾雜母語。今天如果日本政府完全禁止大阪方言，想必大阪人會全部跳出來抗議吧。

因為即使語言大致相同，但各地區民眾都有自己自成系統的精神、思想與表達方式。所以，一味地忽略地區民眾的主體性、加以歧視，並蠻橫地禁止使用方言，勢必會割裂地區民眾與政府之間的感情。

我想這類問題日本人一向不太瞭解，也不曾深入思考。當然，中國人對於這類問題，也是毫不關心的。

（手稿・未完）

（蕭志強譯）

劇本

僑領

〔編按〕〈僑領〉一劇曾在一九八五年東京世台會「台灣之夜」節目中演出。

劇本寫作以及導演——王莫愁

劇中人物	年紀	職業或地位	扮演者
吳財順	約65歲	大企業家，在日華僑總會會長。	林耀南
黃瑞信	約50歲	大學教授，台灣獨立運動者。	陳柏壽
許枝茂	約42歲	在日華僑總會秘書	連根藤
吳惠子	約56歲	吳財順之後妻	潘素月
鄭明憲	約45歲	「中華民國」立法委員	蔡岳廷
陳文基	約28歲	吳財順之外甥	江俊雄
吳淑治	約22歲	吳財順之長女	周麻奈
菊江（阿菊）	約48歲	吳財順之女佣人	吳仁和

僑領

(Kiau⁵-leng²)

獨幕劇（約60分）

場所：呉宅の居間と応接間

時間：現在

呉財順（男）　約65歳　在日華僑總會會長

呉惠子（女）　約56歳　呉財順の後妻

呉淑治（女）　約22歳　呉夫妻の末娘

菊江（きくえ）（女）　約48歳　呉宅の女中

許枝茂（男）　約42歳　在日華僑總會秘書

ミッキー・チェン（男）　約28歳　タレント

黃瑞信（男）　約51歳　獨立運動者

鄭明憲（男）　約46歳　立法委員

〔呉財順がガウンをきながら下手（しもて）から急ぎ足で登場してきて、応接間の中央の安樂イスにドッカと坐り、受話機を取りあげる。菊江が藥とグラスをのせたお盆を持って從う〕

1　呉：（受話機を耳にあて）いいから早く電話を切りかえてきなさい。

〔菊江、あわてて下手に去る〕

2　呉：（居間の方に氣を遣いながら）啓明仔，是有什麼新消息？嚄（hon^{5}），最近有五六十個來日本?!中共哪（ha^{2}）會彼（hiah^{4}）好死，欲（beh^{4}）互（ho·^{7}）台灣人出國？嗄（haN^{5}）？彼（hiah^{4}）個（e^{5}）人是互偲（in^{1}）日本姥（bo·^{2}）先轉來日本，即（chiah^{4}）用（eng^{7}）探親名目（beng5-bok^{8}）來的噢（o^{0}）？什麼？害死恁（lin^{2}）？省民會對大使館無面子？啓明仔！恁的面子較要緊抑（ah^{4}）是台灣人的生命較要緊？對日本去大陸的台灣人，大部分敢（kam2）唔（m^{7}）是互偲騙去的（e^{0}）？什麼「參加偉大的社會主義的建設」啦，什麼「眞正的祖國」啦，什麼「東風壓倒西（sai^{1}）風」啦。及（kah^{4}）若（na^{7}）彼好，恁家己盍（khah^{4}）唔去?!做牽猴的，做烏龜（kui^{1}）的，那有什麼面子通失？嗄？叫我唔通閣（koh^{4}）念？好啦，好啦。汝講「彼（hit^{4}）五六十個台灣人內面可能有人知影武雄的消息」。多謝噢。拜託咧。汝一定給(ka^{7})我探聽互好勢。雖然分裂變兩個華僑總會，汝我是古早的會長及(kap^{4})事務局長的關係。我是猶咗(iau^{2} teh^{4})信用汝。聽見講文化大革命的時陣(chun^{7})，台灣人偌(joa^{7})凄慘咧(le^{0})。乾但(kan^{1}-taN^{1})知影對台灣來就獪(be^{7})直。賴(loa^{3})汝是間諜，特務。刑的刑，刣(thai^{5})的刣。那有這(chit^{4})款無人道。什麼?攏是四人(su^{3}-jin^{5})幫作怪的?!這款鬼話汝亦(ah^{8})鬪講啊。我問汝啦。汝褲底破一空(khang^{1})，亦是四人幫。恣後生(hau^{7}-sen^{1})目珠thoah^{4} thang^{1}，亦是四人幫。汝欲信唔?嗄?叫我唔通閣餾(liu^{7})。好啦，好啦。(大きくため息をついて)武雄到底(tau^{3}-te^{2})死抑活也(ma^{7})唔知。少年人唔知天地幾斤重。一時的熱情參加二二八。陳儀欲掠(liah^{8})伊啦，就脫出去厦門。第先是尙(sioN^{7})欲閃一下風頭，煞及(kap4)一個厦門婆仔戀愛，將按呢條站(tiam^{1})大陸。汝講什麼?「四人幫落台了後，政府對台灣人有較好啦」。有較好，哪會彼個(hiah^{4} e^{5})台灣人欲走轉來日本啊?我無愛閣及(kap^{4})汝諍(cheN^{3})啦。若(na^{7})閣有什麼消息着隨來報。汝有咗(teh^{4})開始接觸啦?多謝多謝。拜託咧。

〔呉、うなずきながら居間にもどり退場。菊江が食卓をかたずけている。呉淑治が居間に登場する。タバコをふかしている。〕

3　淑：パパ、よほど秘密のお電話だったんでしょ。（イスに坐る）

4　菊：さあ。コーヒー入れましょうか？

5　淑：いいわよ。自分で入れるから。

6　菊：ではお願いしますね。わたし旦那さまのお風呂のお世話をしなくてはいけませんから。

〔菊江退場。いれかわりに呉惠子登場。〕

7　惠：今日は早いのね。

8　淑：デートといったでしょ。今日はうち家へ誘ぃに來るの。ママ、ゆうべずっと考えたの。パパに車をねだったら惡いかしら。

9　惠：朝っぱらから何をいい出すの。車ってもう。

10　淑：あれはもうオールドファッションよ、それに小型だし。近頃アントニオとよく出かけるでしょ。アントニオはタレントよ。タレントはタレントらしく振舞わなくちゃ。絶對外車がいいわ、それもスポーツカーね。

11　惠：淑治さん、もう一遍いっとくけどね、ママは結婚には反対よ。パパだって許さないと思うわ。アントニオはタレントといっても日本に来て修業中の身よ。台灣に帰ってもモノになるかどうか。

12　淑：パパが力を貸せば、きっといいところまで行くわよ。パパは日本ばかりでなく台湾でも芸能界に顔がきくでしょよ。

13　惠：パパはアメリカにレストランを始めたばかりよ。それも一度に三軒もね。資金ぐりで頭を痛めていることぐらい知ってるでしょ？

14　淑：文欽兄さんには映画館三軒とパチンコ屋五軒と喫茶店二軒と分けてあげたわね。そして文昌兄さんには不動産部門を分けてあげたでしょ。私だって……。

15　惠：あなたは一人娘だから、パパだってママだってちゃんと考えているわよ。

〈玄関に来客をつげるブザーの音。淑治あわててとんでいく。あいさつの声。黄瑞信が淑霞とともに上手（かみて）から登場。応接間に案内される。淑治，不機嫌そうに居間にもどる。

16　惠：どなた？

17　淑：独立運動の黄さんよ。私にが手なの。何だかこわそう。

18 惠：ママは好きよ。だってこの家に出入する台灣のかたでただ一人の文化人でしょ。
お茶をさしあげておいで。

〈淑治，お茶を持って応接間に行く〉

19 淑：お茶をどうぞ。父はいまバスを使っていますの。しばらくお待ちになって。
20 黃：ええ、ええ。慣れています。ちょっとお庭に出てもかまいませんか？
21 淑：どうぞ、どうぞ。そちうにサンダルがありますから。

〈淑治、居間にもどる。許枝茂が勝手口から登場〉

22 許：こんにちは。
23 惠：ああ、驚いた。今日はお休みじゃなかったの？
24 許：急用ができたのです。すみません。会長に取りついで下さい。
25 淑：私、着がえてきますね。許さん，失礼します。

〔淑治退場〕

26 許：応接間にお客さんのようですね。私の前を歩いてたけど。

27 惠：どなたと思います？(ニヤニヤして)独立連盟の黄さんよ。

28 許：(ハッと腰をうかして)こりゃおったまげた。相変らずですね。そんな危險分子を寄せつけては。亞東が神經をとがうせているんです。

29 惠：あなたがた台湾人は、どういったらいいんでしょうね。いろんな陣營に分れて対立して。それぞれ立派なおかたなのにね。

30 政府はいつでも強く正しいのです。政府に盾つくなんてとんでもないことです。

〔エヘンと咳ばらいして呉が居間に登場〕

31 許：賢早。知影會長今仔日會去khá-lú-í-já-oa^{5} 損球。唔拘(m^{7}-ku^{2})，有兩件要緊的代誌，愛趕緊來請示。

32 惠：私、バスを使ってきますね。あなた、應接間に独立連盟の黄さんがお待ちですかうね。

33 吳：いいよ、少し待たせておけ。

〔吳惠子退場〕

34 許：昨昏暗頭仔，對韓國民團到(kau^{3})一張公文。

35 吳：啥貨(siaN^{2}-hoe^{3})？從彼擺(hit^{4} pai^{2})台灣人及韓國人居住日本的特別地位的問題，做伙(cho^{3}-hoe^{2})去法務省陳情以來，都攏無交插啦，是有什麼代誌？

36 許：會長所知，從到但，外人登錄着愛頓指模，像犯罪人，指模(mo͘^{1})足穲(bai^{1})。這擺韓國人尚欲會齊(hoe^{7}-che^{5})發動一個拒絕頓指模的運動，欲及日本政府鬧一困(khun)。

37 吳：有影有影。我險𣍐記得。外人登錄證五冬到期，着去區役所換新的嘜。

38 許：聽見講今年到期的人上濟。帶著日本的外國人，八十萬中間講有三十七萬人。大部分是韓國、北鮮的人。韓國民團唔是煩惱人數，是看會當招台灣人做伙來行動𣍐。按呢，對Ma^{1}-su^{1}-kho͘^{2}-mi^{3}的效果亦較大，對日本政府的壓力亦較強。

39 吳：按呢得失日本政府敢(kam^{2})有較好？頓指模雖然𣍐爽快，若論時間是無幾分鐘，而且職員都亦𣍐爽勢，綿仔搵(un^{3})酒精互汝拭手。

40 許：着，着。

41 吳：咱是「頭戴人的天，跤踏人的地」，這(chia[1])是日本，外國。

42 許：韓國人及咱尙法無像款。偲尙講偲有正當的理由及資格倚(khia[7])日本。過去是日本人。但是這個日本人唔是家己愛做的。是互日本政府強迫的。日本也唔是偲元本愛倚的。是日本政府戰爭中欠勞動力，強制悉偲來的。一下戰敗，着講已經唔是日本人啦，恨𣍐當隨趕出去，處處排斥。

43 吳：這點，台灣人也差不多像款。像kha-na-ga-oa-khian的高座海軍工廠有對台灣徵用八千個台灣囝仔來。新橋大飯店的石天賜着是工員起身的。

44 許：我攏唔知影。

45 吳：也有互日本企業倩做台灣、南洋方面的出張員的。亦是來日本留屎礐的。昭和二十年以前攏也做日本人倚着日本。戰後雖然大部分引揚轉去台灣。唔拘無轉去的，汝也𣍐當單純給人看做普通的外國人。

46 許：我是戰後來日本留學的。攏唔知。

47 吳：日本的華僑差不多有八萬個。台灣人及大陸仔一半一半。是日本第二濟。唔拘及韓國人、朝鮮仔是𣍐並得。人有家己的政府暗中著後壁咗支持。咱咧？亞東對日本政府那像死貓鼠。什麼都唔敢及日本政府堆(tu[1])。叫咱華僑總會欲按怎用硬步咧。

48 許：按呢，來尋一個理由給伊推辭。

49 吳：亦無必要揣(theh^{8})出去理事會討論。這件代誌按呢處理。

50 許：會長。

51 吳：猶有什麼？

52 許：猶有一件，先講起來囥(khng^{3})。請會長唔通發脾氣。元本血壓懸咧。

53 吳：什麼？

54 許：橫濱中華學校開設一個游泳池，phu^{3}-lu^{3}。

55 吳：夫(he^{1})我有聽見。

56 許：預算兩千萬的所在，實在用去兩千五百萬。

57 吳：嚄(ho˙^{5})，是有歪膏(oai^{1}-ko^{1})？

58 許：大概是無的款。昨昏下晡亞東牛代表派楊僑務組長來講。五年前會長對東京中華學校游泳池寄附一千萬，看這擺閣會當鬪跤手一下儈。無一定會長個人……。

59 吳：唔是會長個人，是欲看什麼人？彼個理事看是什麼跤數(siau^{3})。名欲愛，大聲話欲講，錢是唔出。

60 許：較講也會長一個。

61 吳：上歹空的着是亞東。若有什麼，着欲利用總會。着給伊扶(pho^{5})，着互伊挖(o˙^{2})。

62 許：台灣偲咗管。

63 吳：亞東唔是無錢。一年有五、六十萬日本人去台灣觀光。這(chiah⁴)個觀光客的入境簽證一攏八千箍。乾但這項收入着會驚人。

64 許：有四、五億。

65 吳：以外像護照查證手數料一個掃六、七千。加簽手數料啦，證明書手數料啦。一件攏兩千、三千。這個合合咧，大概不只七、八億。亞東家己的經費及偌濟？伸(chhun¹)的用對何(to²)位去？

66 許：但是，中華學校是爲着華僑子弟的教育。華僑總會算是一種家長會的延長……。

67 吳：像日本這款文化懸的所在，中華學校是無必要。夫是像南洋文化下(ke⁷)的所在，看有需要無。什麼中國四千年的偉大的文化。若正實偉大，中國今仔日怎會這落伍？站日本教「國父遺教」啦，「總裁言論」啦，欲創什麼？所以我的囝仔攏無互偲讀中華學校。

68 許：均都(kin¹-tu¹)學校細間，準做逐個欲讀，亦無法度收容。

69 吳：中華學校是到高中程度而已。閣唔是正式的高等學校。無資格通考日本的大學。僑務委員會宣傳講國內的大學會當保送。ma⁵台灣的大學水準是偌懸？汝看，朱的彼個查姥囝，一下知影𣍐當考日本的大學，就煩惱及將按呢跳樓自殺。

70 許：噢，會長是咗講中華時報社的特派員的朱正浩的查姥囝的代誌？
71 吳：無，是啥人？互日本的報紙刊及大字細字。我替亞東見笑。朱的這個人傷過戇直。尙講若轉去台灣的時陣，看會當隨對(toe^3)人會着，就互偲囝讀中華學校。無拍算會帶日本這久，囝仔從國民學校讀到高中，起去無考日本的大學𣍐使得，彼個時陣即知影中華學校的高中部無資格……。
72 許：聽見講，這個查姥囝仔有較神經的所在。
73 吳：總講，足可憐。
74 許：會長。
75 吳：什麼？
76 許：牛代表有叮嚀一句話。
77 吳：什麼款話！歹空的唔通閣攎來講。
78 許：海外名額，日本地區的立法委員，伊有尙欲推薦會長。
79 吳：嘍，原來如此。伊按呢尙欲做一個人情互我，看我會當寄五百萬𣍐。許的，我給汝講。日本地區，伊無推薦我，欲推薦什麼人咧。實在我亦唔免做一個什麼立法委員。均都是排一個名而已，亦無權亦無利。我倚日本四十幾冬。日本人，台灣人無人唔捌我。逐任的總理大臣攏着及我行禮數。

80 許：是啦是啦。但是，會長汝着愛知影中國的政治的本質。

81 吳：什麼本質？

82 許：中國元本是官尊民卑的國家。政府是管，統治百姓。唔是欲替百姓服務的。出來海外，這個觀念亦𣍐改。牛代表是猶比較好。

83 吳：管伊咗牛代表馬代表。中國人講是黃帝的囝孫。哪會有姓牛姓馬的。無一個人款。準做無姓黃，也姓一個吳的、陳的。

〈吳惠子がドアから顔を出して〉

84 惠：あなた。応接間に黃さんがさっきからお待ちになってますのよ。

85 吳：わかった，わかった。許的，汝轉去。我愛接人客。

86 許：無，彼條五百萬的代誌，請會長斟酌考慮一下。

〈許枝茂が勝手口から退場。吳，応接間に行く〉

87 吳：失禮失禮。互汝等眞久。

88 黃：互我有時間散步庭，閣欣賞一擺這個牌匾。庭的花眞美(sui^{2})。牌匾、賞狀亦愈濟。

89 吳：花開、花謝攏無時間去給看。牌匾、賞狀彼濟亦𣍐拭跤倉得。欲給討kak^{8}亦無彩無彩。

90 黃：蔣介石及陳誠的給吊站頂面，蔣經國的給囥站塗跤會不敬罪𣍐？

91 吳：時間早的着吊好位。寫及大地(te^{3})細地，欲換無容易。

92 黃：這張李登輝副總統的，應該是最近的？

93 吳：這個舊正月轉去的時，寫互我的。

94 黃：「助人爲快樂之本」，寫去𣍐穤。

95 吳：唉，唉。四、五、六号三月日份敢是已經互汝啦。

96 黃：摕了啦，摕了啦。今仔日唔是欲來叨(lo^{1})，是欲送汝物。着是最近出版的冊。

〈カバンから一冊とりだして奉呈する〉

97 吳：什麼？《台灣文學評論集》？傷過深啦。日本欲尋有幾個咗研究台灣文學的。是何一間册店出版的？

98 黃：家己，自費出版的。

99 吳：我前擺着有給汝講啦。汝哪唔去學邱永漢寫彼號趁錢冊。看買什麼股票着會起，做什麼生理就會趁。自然着有出版社給汝出版。汝亦免按呢艱苦給人撽(kha³)油。

100 黃：講撽油着歹聽。

101 吳：無，也去學謝國權寫彼號查夫查姥著變猴弄，什麼像阿肥相偃，si-jiu-hat-the。一般人攏帶超哥神，的確有人買。

102 黃：偲是偲，我是我，請汝唔通烏白給我並。台灣兮代誌着有人研究，有人寫即會使得。歹賣着有影。

103 吳：理氣是知啦，唔拘……。

104 黃：順這個機會，吳會長，互我講一句。

105 吳：(ギョッとして)啥貨?

106 黃：會長，汝會使講是白手成家，做一個代表的台灣人實業家，是日本頭號僑領。資產成百億。

107 吳：無啦。無及彼濟啦。

108 黃：但是，會長，汝愛有一個認識。較失禮，太太是日本人，兩個公子、一個小姐會使講是日本囝仔。像會長即款家庭的人足濟。萬一哪有按怎，贈與稅啦、相續稅啦是損眞重的。準做有一百億，看伸有二十億無。而且唔知幾個人欲來分。所以我敢講，日本的台灣人好額是一代而已。

109 吳：(しばらく沈默してから)即滿換我問汝好唔？恁成月日前，爲着古早做日本兵的台灣人的賠償問題，開記者招待會的時陣，講恁「在日台灣同鄉會」會員有四萬個。按呢，連我都變恁的會員去啦。汝也賢噴雞規。

110 黃：這是有這款內情。一個朝日新聞的記者問講同鄉會「向日本政府要求賠償，大概著日本的台灣人攏贊成即着。到底日本的台灣人有幾個」。我應伊「有四萬個」。伊就按呢寫做「會員有四萬個」。阮是唔敢及會長的留日華僑總會拚。

111 吳：恁鬧起這個古早做日本兵的台灣人的賠償問題是着。

112 黃：留日華僑總會盍唔做伙來做？

113 吳：講戇話。互恁第先變去的，體面上歹參加。亞東亦從到但禁唔互總會做。我知影政府對即項問題根本無關心。

114 黃：台灣人的代誌，蔣政權當然無關心。特別是這個人是做日本兵及中國刣的。但是這(chia1)是日本，留日華僑總會的理事一半較加是台灣人，哪𣍐當發揮自主性來活動？

115 吳：若按呢，我也(ma⁷)通問汝。恁獨立運動做這久，做哪𣍐啥起色。無論什麼生理亦好，開一間什麼公司亦好，像恁這優秀的人拚勢做二十幾冬，的確也有一個相當成績出來即着。唔拘獨立運動唔是咧。

116 黃：見笑見笑。我唔敢及汝辯。不而過，有一項眞明顯的事實。就是會長本身對獨立運動出偌濟力，汝家己上知影。對獨立運動出資金，一月日即兩三萬。對汝的財產來講是九牛一毛。

117 吳：什麼九牛一毛？

118 黃：九隻牛中間的一枝毛的意思。

119 吳：（苦笑）

〔玄関で來客を知らせるブザーの音。菊江急ぎ足で下手から上手へ。あいさつの声〕

120 吳：啥人？

121 菊：ミッキー・チエンさんです。

122 吳：阿基か。來欲創啥貨？

123 菊：お嬢さんとお約束があるそうです。

124 基：阿舅，賢早。

125 吳：來，來這坐。蓋抵好。我給汝介紹一個人。

126 基：我是來招阿淑……。

127 吳：無要緊。阿淑猶咗粧。汝站這講話等伊。

〔陳文基，不承不承ソファに坐る〕

128 吳：kho·^{2}-sang^{3}，汝是新營人嘜？我給汝介紹一個恁鄉親。這個囝仔是姓陳名做文基。藝名是Mit^{8}-ki^{1}-chhian^{2}。是阮大姊的尾仔囝。講欲做tha-lian-to· 來日本電金。阿基，這位是東都大學的教授，已閣咗做獨立運動……。

129 黃：（握手する）汝中學讀何位？

130 基：黃瑞信老師。

〔黃も吳も驚く〕

131 基：（中國語）我考進新營中學的時候，老師已經離開台灣了。但是老師給全體同學的印象很深。

132 吳：汝講啥貨，我聽無。

133 黃：我唔捌伊，伊捌我。今仔日會相抵撞(sio^{1}-tu^{2}-tng^{7})亦成趣味的代誌。

134 基：(中國語で)對不起，我說國語，說得很習慣了。

135 黃：什麼咗「國語(guo^{1}yǔ)」啊。是中國話，無，也(ma^{7})叫做北京話。絕對唔是咱的「國語」。

136 基：(中國語で)可是，(台灣語で)唔拘，我無啥會曉講台灣話。

137 黃：無彼號代誌。沿路尙沿路講，穩穩仔講着好。愈來會愈賢講。

138 吳：着，着。

139 基：老師，像汝來尋阮阿舅，特務敢𣍐給汝對？

140 黃：汝來日本若久啦？講彼號無常識的話。照警視廳咗講，欲暗暗跟踪一個人，至少愛三個至四個人變裝換來換去。

141 吳：國民黨著台灣唔管汝知唔知咗給汝對，就唔是眞正的跟踪啦。夫是咗給汝喊(haɴ^{2})，互汝驚。

142 黃：是啦。蔣政權站日本，欲光欲暗跟踪人是無夠力的。

143 基：老師，我閣給汝質問。

144 黃：什麼？做汝質問。

145 基：國民黨勢力彼強彼大，台灣人敢有法度獨立？

146 黃：汝問我有法度獨立無法度獨立，我問汝有愛獨立抑無愛獨立。若是有愛獨立，逐個着協力來拚。無拚看瞶，是唔知影的。若是無愛獨立，一部分人去拚也是無彩工。

147 吳：有愛獨立無愛獨立，夫是唔免閣問。照我看，十個九個是愛獨立的，台灣是咱的，哪𣍐曉家己做頭家?!

148 基：唔拘我驚呢。若像越南按呢刣來刣去，唔知欲死偌濟人咧。破壞也不得了。

149 吳：生理都免做啦。

150 黃：若驚死着mai^{3}嚒。若尚欲顧生理着mai^{3}嚒。世界哪有彼號生命亦欲顧，生理亦欲做，獨立亦欲做的貪心的民族。及哪會當兼顧這三項的方法，抑是路線有的時，世界都和平太平，攏好了了啦。

151 基：即滿的台灣，汝若bang^{3}去插政治講政治，伸的看汝欲按怎趁錢，按怎討債開，攏無要緊的款。

152 黃：按呢有好無?

〔吳もミッキーも沈默してしまう〕

153 黃：按呢絕對無好啦。人是𣍐離開政治的。蔣政權講政治互伲按(hoan^7)，換句話講是，迻着互阮管。即滿台灣經濟算猶是順事，政治互偲變了穲去，像講發動戰爭，大陸反攻啦，抑是對中共投降出賣台灣，抑是唔免講到彼極端，準做對外貿易停頓啦，起in-hu-lt，通貨膨脹啦的時，看汝台灣人按怎去趁錢，按怎去討債開啊。

154 吳：人日本人，逐個都關心政治，有顧對精神文化去。

155 黃：會長都會曉看嚒。汝若轉去台灣着給汝邊仔的人敎。汝講人較會聽。

156 基：唔拘，老師。咱敢唔是中國人，盍欲尙獨立？

157 黃：我唔是中國人噢。請汝唔通誤解。我是台灣人，所以即欲獨立。

158 吳：咱的祖先是對中國過來台灣的，按呢盍會唔是中國人？

159 黃：連會長亦按呢尙。慘噢。我問會長啦。美國人的祖先對英國過來，美國人是英國人唔是？

160 吳：唔是。

161 黃：新加坡的四分之三的住民是對中國過來，新加坡人是中國人唔是？

162 吳：亦哪是亦哪唔是。

163 黃：會長會互李光耀罵噢，李光耀講眞明，伊是新加坡人，唔是中國人。新加坡人的命運及中國人的命運是無共(kang^{5})。咱台灣人也會當用美國人、新加坡人的例來尙。會長，聯盟王育德寫一本《台灣．苦悶的歷史》，伊的確有送汝即着。汝有讀無？

164　吳：無閑通讀。
165　黃：文基君，汝咧？
166　基：風聲是有聽見。唔知去何位買。
167　黃：台灣人家己唔知台灣人的歷史，看有可憐無？即滿講倒轉。汝尚講是中國人，而中國人是有看汝做中國人無？二二八互偲刣偌濟？美麗島事件是按怎發生？林義雄的家族哪會互特務刣？犯人哪會掃膾着？

〈吳もミッキーも考えこむ。菊江が登場〉

168　菊江：ミッキーさん，お嬢さんがお呼びです。

〈ミッキー救われたように〉

169　基：阿舅，黃老師，我失禮嘍。老師，身體着較保重咧。

〈ミッキー、菊江について退場〉

170 吳：我險𣍐記得。汝彼本册，無給汝交關幾本仔亦歹勢。一本幾圓(iN^5)？

171 黃：一本是兩千箍。唔是賣汝，是欲送汝的。

172 吳：送還(huan^5)送。什麼人給汝買上濟本？

173 黃：總會副會長林耀東先生給我買十本。

174 吳：按呢，我給汝買三十本，疊伊。

175 黃：會長眞慷慨。

〔玄関でブザーが鳴る。來客の氣配。菊江が急ぎ足で行く。あいさつ〕

176 吳：今仔日哪會即抵好，幾仔出人客。

177 菊：鄭先生です。

〔鄭明憲が上手より登場〕

178 吳：鄭委員，緊一日到位啊。

179 鄭：是啦。噢，有人客。失禮失禮。

180 吳：家己的人。無氣嫌。唔拘，汝近日中會轉去台灣……(考えてから)好嚜，恁去相捌一下亦是𫝺穤。

181 吳：這位是東都大學的教授，又閣是獨立聯盟日本本部的中央委員。

182 鄭：噢，著台灣聽汝的大名太久啦。今仔日即會當見本人……。

183 吳：這位是所謂中華民國的立法委員，鄭明憲先生。唔免我講，是黨外人士的中心人物。請坐請坐。

184 吳：這過美國視察，感想什麼款？

185 鄭：我第先報告會長交代的代誌。黃教授較失禮一下。

186 黃：無要緊，無要緊。

187 鄭：紐育的店五月初六o͘-phun啦。汝派去的sai-tō͘(齊藤)有去見Be-ni-ha-na的a-o͘-khi。

188 吳：有前任日本首相的介紹狀，a-o͘-khi也唔敢失禮即着。

189 鄭：A-to͘-lan-ta的店我五月尾去的時陣，抵好店內咗佈置。Hiu-su-tong的店講九月初即會o͘-phun。

190 吳：好，好。努力努力。咱較閣穩穩仔講。

191 鄭：黃教授，來日本唔成久啦。

192 黃：久啦。咗欲有三十多啦。

193 鄭：攏無轉去？亦𣍐當轉去？

194 黃：也(ma^7)無尙欲轉去。除非台灣獨立以外。

195 鄭：美國台灣人亦變眞濟。講有二十萬人。南美州巴西亦有四、五萬人。

196 吳：過去是日本上濟，按呢，日本都輸人啦。

197 鄭：夫是有影，吳會長，較失禮。並起來，日本的台灣人上無志氣。這攏去美國，最大的變化是hah^4-phah^{4}的出現。

198 吳：什麼咗喝拍？是喝欲拍什麼人？

199 鄭：唉，國民黨含汝相像，第先尙講連著美國的台灣人都喝拍。莫怪，偲現在的心情是草木皆兵。Fapa實在是英語叫做Formosan Association……？

200 黃：for Public Association.

201 鄭：是，是。台灣話講「台灣人公共事務會」。目標囥著對美國國會的工作。這一面會當支持獨立運動，一面會當提高在美台灣人的政治地位。這項日本的台灣人着輸眞濟啦，較失禮。

202 吳：(渋面をつくり)鄭委員，汝飛機坐彼久，敢𣍐殄(thiam^2)？好去休息一下。

203 鄭：有影有影。(立ちあがり行きかけて)黃教授，汝日本倚久啦，照汝分析，日本的台灣人及美國的台灣人精差著何位？

204 黃：日本的舊台僑，因爲戰後無轉去台灣，無去受苦着。而且站日本那像有一種對中國的幻想。美國的台灣人攏是戰後去的。逐個都有受蔣政權統治的經驗。而且年歲少，自然亦較有正義感。

205 吳：日本是近台灣呢，唔通鱠記得。

206 鄭：近台灣就蔣政權的影響力會較強。

207 黃：黨外人士去到美國就較敢發言，亦是接人。一下轉來到日本就較無聽見聲，接人亦愼重起來。鄭先生，我是講一般論。唔是講什麼按怎。

208 鄭：我知，我原則上同意。美國的台灣人賢造成一種氣氛(hun^1)，互汝放膽(taN^2)講話的事情亦有。

209 吳：美國的台灣人較有團結。日本的台灣人較四散。無一個政治的(tek^8)共同認識。亦有倚(oa^2)國民黨的，亦有倚共的，亦有支持獨立的。大多數是對政治無關心。

210 鄭：我愛給黃教授感謝。黨外今仔日的勢力，是湤站海外著給伊吵即有的。

211 吳：這個理氣心適心適。亦照這個理氣，李登輝唔着黨外人士閣感謝獨立運動。

212 鄭：着嘫。黃教授順續閣請教一項。台灣此去汝看什麼款？

213 黃：這逐個也會曉看。若唔是獨立，着是互中共呑去。中國人中間難免有大中國主義。我上煩惱的是台灣人中間亦那像有人帶(tai^{3})大中國主義的人。其實，若去互中共呑去，照我看至少會刣一兩萬台灣人知識份子，然後台灣人給汝送去大陸，中國給伊送了台灣，濫來濫去，台灣人的集團就化無去啦。

214 吳：敢彼食力？

215 黃：食力無食力，這款代誌都𣍐使試得。政治不比化學的實驗。試落去到地，看唔好𣍐當閣去復原。所以人即着去研究歷史。研究歷史會教咱將來按怎行什麼款路。

216 吳：好啦。鄭委員，汝着愛轉去台灣的人。

217 黃：我走即着。吳會長。多謝嚄。給汝齪曹即久，鄭先生，島內海外協力拍拚。

〔黃瑞信、上手から退場〕

218 吳：轉去台灣若有什麼代誌，汝做汝講對我這來。

219 鄭：𣍐按怎啦。時勢有咗變。國民黨唔敢隨便按怎啦。獨立運動者確實有伊的信念。

〔菊江、下手より登場〕

220 菊：旦那さま、お電話です。

221 呉：（受話機をとりあげて）噢，啓明仔。

〔目で菊江に指示。菊江退場〕

按怎？有兩個人講兩種話？奇怪啊。什麼？一個是講著廣西省的勞改，勞改是什麼？勞働改造營？勞働改造營是什麼？一種的強制收容所。夭壽夭壽。站廣西省的勞改看着武雄？這個人是對何位來的。是安徽省互人給伊送去廣西省的勞改，站彼參武雄做伙三冬。然後先放出來。亦猶一個咧？是有聽見風聲講武雄對廣州脫出去香港？若到香港煞𣍐曉寫批轉去厝裡，無是日本我這。嗄？這個人是對汕頭來的？啓明啊。請汝𤆬這兩個來見我好唔。我愛直接聽伊的話。愈緊愈好。什麼所在較適當互汝去按排。拜託拜託。（受話機をおく）。哈！（ためいきをつく）鄭委員，猪着猪。紅兮烏兮攏相像。轉去會記得給汝邊仔兮人講。

〔結束〕

劇論

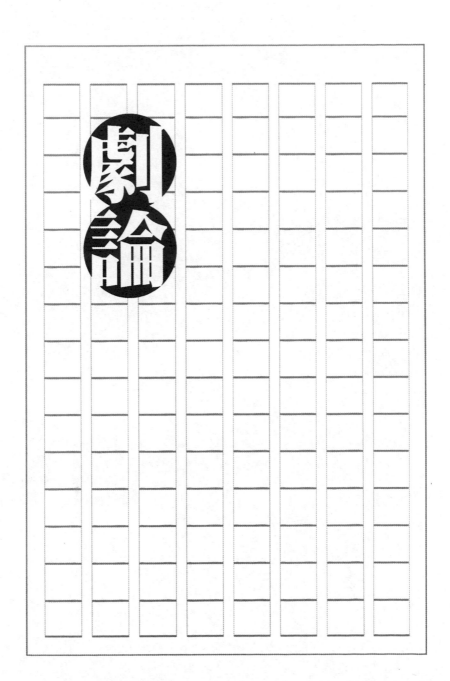

台灣戲劇的確立

——光輝閃耀的荊棘之道

台灣俗語有所謂「下九流」（娼、優、巫者，樂人、牽豬哥、剃頭師、奴婢、抓龍〔譯按：按摩師〕、土公），其中，「優」就是演員。台灣人對於戲劇的評價高低，由此可見一斑。簡單講，在台灣人心目中，戲劇是低級卑俗的，是貧窮人家或乞丐專屬的把戲，是一種卑賤的職業。如此看法，自古即然。當然，劇團本身不夠努力因而被看輕，自己也有責任。不過，我想台灣社會長期以來未能把演戲當作藝術看待，至少也要負擔一半責任吧。

可以說，想瞭解一國文化的水平，不妨看他們的劇場。不分古今東西，劇場一直都是文化的結晶體。比如，劇場建築、設備是建築學與雕刻學重要的表現；劇本是如假包換的文學。至於舞台的戲劇表現，則融合美術、音樂、舞蹈以及戲劇創作，渾然展現特定的一貫思想。

由此可見，戲劇作爲藝術的一個領域，和文學、美術、音樂相比，毫不遜色，甚至可以說是藝術金字塔的頂點。亦即，戲劇本身就是一種綜合藝術，而且是最重要的藝術。例如，公認的世界文豪莎士比亞，其作品其實原本就是劇本。如果有人恥笑莎士比亞，說他玩弄乞丐低俗的把戲，此人之無知，恐怕只會貽笑全世界。事實上，中國也曾經有著名的國際演員，像梅蘭芳這樣出色的人物，有誰敢輕視？所以，難道台灣人還要違背世界思潮，繼續讓台灣成爲戲劇沙漠、不名譽地孤立？今天台灣「光復」代表台灣的文藝復興，所以，我們應該放棄錯誤的成見，重新認識戲劇應有的內涵與面貌，塑造正確的戲劇傳統。

反省過去，我發現台灣戲劇的墮落，主要原因其實是知識份子不願投入，結果從事戲劇創作或演出的人，大部分知識水準不高。當然，這些演員並非一無是處，他們深知戲劇娛樂的重要性。只是，除了娛樂之外，他們完全忽略、忘記了戲劇必須伴隨著藝術性。換言之，過度強調娛樂性，最後將導致娛樂性無法健全發展，只能迎合低劣化的觀衆。如此一來，戲劇的精神就被抹煞了。這同時也使得有心之士與戲劇保持距離、更不願參與，而且回過頭來也會雪上加霜地爲劇團發展帶來不良影響。更不幸的是，後來所謂的「改良戲」與「新派劇」相繼被利用作爲皇民化的政策工具，演員只能根據情報局推薦的劇本演出，台詞極端幼稚，肢體語言也非常呆滯。總之，過去台灣的戲劇演出，不論是劇本、演員、演出，或是劇場裝置各方面，都非常慘不忍睹。

所以今天要重新發展戲劇，我想有必要強迫知識水準較低的戲劇工作者吸收更多知性養分。過去台灣的小說與詩歌等領域，和戲劇相比，呈現了高度發展的狀態，我想主要原因是這些領域一向由知識份子主導。反之，戲劇之所以衰頹，則是因爲知識份子不碰。因此，台灣的戲劇未來要有前途，一定得有高教養、態度積極的年輕人參與進來。只不過，整體上台灣社會可以說尚未脫離封建桎梏，無智與保守心態仍然相當嚴重。戲劇要在這樣冷酷的現實社會母體中成長，當然備極辛苦。但反過頭來，戲劇也可藉此機會發揮匡正社會現實、使之向上提升的功能。由此可見，台灣戲劇復興之路未來仍充滿困難，但也令人期待。我們期待戲劇的復興，能爲台灣開創一條光輝燦爛的藝術大道。

（原刊於龍瑛宗主編的《中華日報》文藝版，一九四六年三月二十一日）

（蕭志強譯）

「三伯英台」在台灣

不消說，台灣的「三伯英台」故事，也是和其他風俗習慣同樣，從閩南跟着我們祖先傳過來的。至少在五十多年前。

日本人拿「天孫降臨」的神話來統治台灣的時候，「三伯英台」的熱烈鮮血已經在台灣人血管裏脈脈貫流着。所以極端地說起來，「三伯英台」也是日本人「皇民化運動」的死對頭。日本人爲了打倒「三伯英台」的歌仔戲，一面從日本聘請了新劇團，輸入新劇本，一面在台灣培植所謂「改良戲」，不惜九牛二虎的大力量。可是，儘管他們怎樣的歧視和壓迫，在大衆熱烈的擁護之下，歌仔戲是一直到現在始終存在的，在各街各庄的戲院，蒸了再蒸地排演着「三伯英台」，而男女老幼也甘願去流着日日新又日新的紅淚。戲劇的影響是可怕的。這裡還有許多靠吃「三伯英台」飯的人們，像唱「歌仔」的瞎子琵琶女，講故事的老阿伯，發行「歌仔册」的業者等等。劉萬章氏在《海陸豐戲劇中的梁祝》(祝英台故事集所載)中說：

……這些故事劇的影響於海陸豐的所謂中下流的民衆，尤其婦女，是很大的。她們不止把祝英台的故事，拿來做談話的材料，有時更會拿祝英台劇本裡的歌曲或道白來做諺語，口頭告誡……加以唱本的關係，她們在歷史的觀念上(古時)，恐怕給「祝英台」佔據了。(第三十五頁)

台灣也是同樣。又依照錢南揚氏：

這個故事的流布，照目前收得的唱本和傳說而言，已有十一二省了。所以我們可以武斷的說一句，在中國是沒有一處沒有的。不但此也，就是在國外的朝鮮，也有這個故事。(同書第九頁)

我們可以知道，它的流傳很廣，影響甚大。元劇裡就已經有它，叫做《祝英台死嫁梁山伯》，是元代白朴編撰的。明清傳奇裡也有《牡丹記》，《兩蝶詩》，《華山緣》和《訪友記》。(同書第五十七頁，〈關于祝英台故事的戲曲〉，顧頡剛，錢南揚)

再翻看府志遺事種類的記錄，奇怪的很，說是他們倆的坟墓竟達六七處之多。例如：

山東曲阜　　讀書處

浙江寧波　墓，廟
甘肅清水　墓
安徽舒城　墓
江蘇宜興　讀書處，墓
河北河間　墓
山東嘉祥　墓
江蘇江都　墓

（同書第十一頁）

似乎誰都愛誇口說三伯英台是他們的老鄉親，爭先恐後要表示特別的親近似的。

那麼，三伯英台的實際是怎樣呢？選一部比較公正可靠的，像《中國人名大辭典》來看一看吧！

祝英台　晉人。家上虞。與會稽梁山伯同學。英台先歸。山伯過上虞訪之。始知爲女。欲娶之。而英台已許馬氏子。後山伯爲鄞令。病死。遺言葬清道山下。英台適馬氏。過其處。舟不能進。英台祭山伯冢慟哭。忽地裂。英台投而死。（此本寧波府誌。又清水縣志作五代梁時人。山伯死空邽山之麓。與此小異。）

對於他們倆的生存在差不多一千五百年前，籍貫在浙江一件事，台灣人沒抱甚麼疑問。台灣人自覺「出外人」，不但不敢胡說台灣也有他們倆的坟墓，並且虛心坦懷地承認舞台是杭州。對了，就是這個杭州，這個風光明媚的地方，在台灣人寂寞難堪的心內，彷彿是個錦繡河山的祖國的象徵，寄之以如念母思親的愛情和戀慕。「三伯英台」對於台灣人，不但是一篇薄幸男女的敍情詩，且是一部偉大祖國的敍事詩！

那麼，「三伯英台」在台灣到底是怎樣地流傳着呢？剛好手裡有三十多本「歌仔册」（所謂唱本），讓我把它們介紹和評注一下。但不幸的很，這三十多本「歌仔册」，不是一部有頭有尾的完全叢書，而是富於矛盾和剽竊的雜雜碎碎的東西，出版處既多，編輯人也不一定，各持各說，很難以置信，有些多歧亡羊之嫌。

梁三伯（國內概作山伯）是武州人（英台出世歌下本，梁松林）。一說紹興人（三伯英台遊地府歌上本，禾火）。謝雲南氏「閩南傳說的梁山伯與祝英台」也作武州人。可以知道，武州說是閩南的影響。但是，武州據《中國地名大辭典》是現在湖南常德縣，竟離浙江數千里之遙。對於故事發展有些欠妥，還是紹興說較對。而且前舉《中國人名大辭典》裡，說是會稽人。會稽就是現在的紹興。但是，這個地名的考證，沒甚麼意義。不過要說和英台不同的故鄉就可以了。

梁三伯家裡，有的說只有一母，有的說雙親健在，最要緊的是家貧清寒一件事。三伯的學費是刻苦從母舅借來的。（英台出世歌下本，梁松林）這和英台的名門富戶成了個很鮮明印象的對照，也是整個悲劇的大前提。我們要知道，時代是被擬在晉末，公元四百年光景。背景是被配在「上品無寒門，下品無世族」的典型封建社會。那時候，科舉制度還沒施行，政治是世族豪門所包辦的，九等品級一差懸，互相交際是被禁絕的，結婚的話根本談不上，他們倆悲劇的原由就是在這裡。

祝英台是越州人。閩南傳說，廣東傳說也一樣。據《中國古今地名大辭典》：

越州　南朝宋於會稽郡置東揚州。隋改吳州。又改為越州。尋曰會稽郡。即今浙江紹興縣治。

一看和三伯紹興說相牴觸。但照《中國人名大辭典》，她是上虞人，上虞剛好在寧波和紹興中間。比較適合。

英台的母親（《人民文學》第五卷第二期「祝英台與梁山伯」——以後簡稱《人民文學》——作父親）是個不可忽略的重要角色。因爲她總不察覺女兒苦楚，擅自收納馬家聘定，把他們倆活活地拆開，招來一大樁覆水難收的慘局。他對於英台求學，不能像三伯母親，無條件地允許。英台不得不和知心女婢仁心（一說梅香，一說瑞香）鳩首，想出一條妙計：先假扮一個算命士試試她母親看得出還是看不出，竟博得她的稱贊和允許。她有個嫂嫂叫做玉英的，素與她反目，當英台踴躍要出門的時候，惡意訕笑她決不會守清節回來，而激起了英台當場立誓。她看見前庭滿開的牡丹，摘了一枝插在花瓶裡說：「這次假如沒守清節的話，牡丹必定枯死。反而青天白日地回來呢，牡丹一定更鮮妍的！」

在閩南傳說，這一段是：

……她一時滿面嬌紅，忍氣中遂把七尺的紅綾，埋在牡丹花盆裏，並對她的嫂嫂說：「假如後來英台有失了貞操，紅綾臭爛，牡丹開花。」

大同小異。玉英的訕笑代表衆人危懼，英台立誓是個奇蹟的設定。「三伯英台」的芳流萬古的一個原由。

三伯和士久，英台和仁心的兩組主僕，前後向杭州起程。不用說，仁心也是喬扮男裝的。

那時候，江南半壁的帝都雖在建業，杭州可以說是最大文化城市，鴻儒碩學聚集如雲。他們不期而合地要敲了素以今仲尼聞名的大學者的門。（三伯英台遊地府歌上本，禾火）

三伯和英台在路上相識，意氣投合，進而結拜是很有名的一段，也是整篇故事的起點。

《人民文學》爲它特別地寫成一景，叫做「草橋結拜」。閩南傳說在長台，廣東東莞傳說在一顆樹陰。但在台灣，除了有的說是在某一間旅館裡面以外（英台出世歌下本，梁松林），都簡單地說在杭州，到底是路上，還是書房，不甚清楚。我們站在戲劇構成技術上看，這裡似要擬定一個浪漫的地方，來配他們倆的初次見面較妥。因爲和一般同學一齊到書房報到以後才來相識的話，互相印象必定過淺，對於強調他們倆的「姻緣」一點，也難免欠乏力量。

在杭州同牀食的三年生活，該是他們像朝霞一樣短促的一生中最幸福最甜蜜的時代，也是一段富於滑稽和幽默的劇情騰高的場面。編演者的千萬不可輕視的地方。假如把它當做從頭至尾的「哀史」，急於要討人家紅淚，編成一開幕就有悲沈的陰影跟着他們的話，人家就知道你的用意只在催淚作用，食傷以後反覺討厭。觀衆的神經是抵不住過長時間的緊張的。要知道，悲劇的所以成爲悲劇的地方，是大部份在「樂極生悲」的。所以這裡須要把焦點放凖於他們明朗快活的生活。拿台灣人做例子，他們最喜歡這一段。這裡有他們倆「好氣也好笑」的變態戀愛，還有西湖、錢塘江和蘇州的名勝舊蹟。他們拿三伯和英台來做他們的替魂身，叫他們倆扮演得彷彿訪花尋香的蝴蝶似的飛來飛去，而來玩賞形而上形而下的祖國。許多「歌仔册」，比如：

三伯英台遊西湖歌上下本，宋文和

三伯英台賞百花歌上下本，戴三奇

特編三伯英台遊西湖賞百花新歌上下本，梁松林

特編英台三伯元宵夜做燈謎新歌，梁松林

等等，都不怕換湯不換藥似的，你來我去，好像競賽能不能更詳細更切實似的。

轉看國內呢，例如《人民文學》，「草橋結拜」完了就是「托媒」，英台一直要回去了，繼續的「十八相送」雖然描寫些風景，倒不是具體的杭州的那個，而是抽象的到處都有的。所以這段杭州的風景的描寫——眞不眞，像不像，當然是另外一個問題——可以說是台灣的「三伯英台」的一個特色。

英台起初是警戒三伯的。怕他觸摸着她的身體，因而提案在牀中用汗巾劃條界線，越境者須要賠紙筆，又要對全塾的同學。果然三伯怕得要命誓死不犯，連翻身都不敢自由。後來英台愛上了三伯，可憐他家貧紙筆都不敷用的時候，還是她自己心火遏不住下去的時候，常常有故意越境而挑撥他的痕跡，卻每次都遭三伯嗤笑。

英台的成績大概比三伯好。先生就命英台做班長。英台趁這個機會以衛生做理由，提倡設廁所。這樣似乎快刀斬亂麻解決英台和仁心最吃力的地方。但問題還有，就是放尿的聲音。假如她們沒十分地斟酌，右顧左盼看定隔壁有沒有人的話，功虧一簣秘密一定和小便一塊兒給漏洩出來的。莫怪後來三伯垂頭喪氣回到家裡，母親聽了士久的報告，呆了半晌：

媽親罵子眞糊塗　枉汝出世做查埔
男人步粗女步幼　不識聲音看行路
男人行路手開開　女人行路手垂垂
士久聽見哈哈笑　不識腳步聽放尿
男人放尿叮噹哮　婦人放尿嗟嗟叫
（三伯英台離別新歌，英台送哥歌）

三伯和英台常常到外邊去遊玩。英台是個積極、浪漫的女子。她知道風流，知道青春，盡力勸誘讀書蟲似的三伯到大自然中間去呼吸大氣，教他怎樣的享樂青春。又趁這個機會，想要試試看三伯愛情，卻又怕從女子先開口告白愛情，既不合符當時社會的習慣，又過粗野討沒趣兒。所以用種種比喩來提醒他，希望他自然地識破她的原性，看看會不會求婚。這些比喩、諷刺和謎語，是她渾身智慧的結晶、融合在美麗的大自然，奏成一篇浪漫文學和音樂，也是傳記作者爲了描寫和粉飾而費盡苦心的地方。

他們倆快要畢業那年的一個春天——清明節，他們到西湖去賞花。英台知道離散的時期不遠了，因而着急決意在今天一定使他求婚，花園裡百花滿開，黃蜂蝴蝶一團一群地飛來飛去。英台快見景傷情了，嘆息地說：

汝咱二人上克虧　　花木都會成雙對
自恨汝咱澳做堆　　（克虧：吃虧。澳：難）

但三伯怎樣的應答她呢？

賢弟那通講只層　　汝我平平男子漢
比論只層太野蠻　　（通：可。只層：這件）

英台含羞帶笑，翻身挽一枝紅花插在三伯頭上拍手跪前去。三伯一面追去一面又嚕嘛：

拉阮打弁做珠娘　　共阮插花是怎樣
害我奉笑半男陽　　（拉：把。阮：我們。奉：給人）

池邊，一對鴛鴦正在交尾。英台臉紅起來，不敢正視，扭三伯衫裾：

英台共哥相點醒　禽鳥敢會安年生
禽鳥也會成雙對　虧哥汝咱無所歸
三伯舉頭親看見　就罵禽鳥眞畜生
別項代誌不去變　大膽只欺較逆天
（安年生：這麼樣。代誌：事情）

他們來到淸風閣，一坐涼亭來。壁裡畫着圖，題着詩，都是有名的歷史故事，昭君出塞啊，文君選賦啊，貴妃醉酒啊，蒙正得繡球啊——後邊兩者是唐宋故事，時代錯誤可笑——英台念古思今，禁不住海嘯似的激情，送著秋波低吟着：

郎姿蓋世一風流　朝住暮宿幾千秋
淑女常有懷春守　君子如何不好求

這次三伯猛然呪罵起來了。但她也給三伯活活地氣死了。這樣變來變去弄了好半天，英台還不能達成目的。英台不得不拿出最後手段出來。她叫三伯看準她的胸前，叫他看定她的三寸金蓮，但三伯始終不瞅她。

這裡當然包含着許多不近人情的地方，特別是纏足的風俗決不合當時歷史事實。最可憐的是把三伯描寫得像木石生出來的書獃子，連他整個知性都使我們懷疑起來。編者們不得不硬嘴辯解了：

英台命底有節義　即有神明保護伊
大家不知一層代　煞講三伯戇大獃
英台節義本清在　莫怪三伯看袂來
（煞：終。袂：不會）

國內各地的傳說也是和台灣一樣。怪不得徐進氏在〈「梁山伯與祝英台」的再改編〉（《人民文學》所載）用憤懣的口氣說：

他們（指封建王朝的擁護者和御用文人——編者注）給梁祝冠以「金堂玉女下凡，三世不能團圓」的罪名；他們巧妙地利用太白金星以「糊心酒」迷糊了梁山伯，使之成爲傻瓜，把一切罪狀都輕輕地推卸給梁山伯的痴呆與誤了日期上；把這個可愛的故事迷信化，庸俗化，醜化起來，以圖遮蓋封建制度的凶殘面貌。

在一般傳說裡，士久和仁心是可有可無的可憐的角色。他們的性格，他們的工作都不大明白。但在台灣，他們的地位是相當重要的。士久總比三伯常識多，富於人間性。仁心說是英台女婢，不如說是知心朋友。三伯既和英台同牀食，仁心也一定和士久共起居。那麼，對於狡智勝人的士久，仁心只學英台就能瞞騙過士久嗎？果然，士久得妻新歌和士久別仁心新歌(梁松林)中，有士久早知仁心原性，已在杭州暗自立約訂婚的一段話。這樣很有可能性，英台的秘密從仁心嘴裡，經過士久透到三伯耳朵。可惜三伯不聽他的忠告。閩南傳說恰有這一段，與台灣傳說符合。在君子淑女不親授的禮教社會，這批不算在內的下層人物，僕婢所站地位倒反非常重要的。西廂記的紅娘就是最典型的一例。他們才是歷史原動力。白面書生窈窕淑女若不靠他們，是不能保存生命的。他們爲他們主人佈置設計，演出種種悲劇或喜劇。——雖然甜蜜的結實大部份輪不到他們的嘴裡。

英台爲甚麼先自離開杭州呢？《人民文學》說是父親有病派人來催她回去。台灣卻有一個珍說——英台知道那天在花園，給同鄉的同學馬俊偷看得明明白白，害怕機關敗露，而狼敗走開的。(三伯英台賞百花新歌上本，戴三奇)這樣馬俊快一場登台了。

英台臨別的時候，對三伯說，「我家裡有一個胞姐(一說妹妹)，面貌體型和我相同，琴棋書畫莫不能曉，要和賢兄結親儀。請你三七，二八，四六，一定來！」這是最後一次的提醒了。(海陸豐傳說也有這一段)三伯以爲三個十，三十天後叫他去。其實，英台只是十天的意思。這個誤猜誤期因而致使馬俊漁人得利，到底是誰的責任呢？要說三伯愚笨，學識不及英台深，不如說是英台不率直過糊塗的緣故。雖然我們到現在還不能理解英台來控制三伯至少十天的理由，但假使叫三伯猜中謎如期趕到，英台是眞有把握從雙親獲得他們結婚的允准嗎？總之，這雖是很有名的一段，但我們仍是找不着它和後段收納馬家聘定的有機的連繫。所以《人民文學》之索性把它刪改是對的。徐進氏說得好：

「梁祝」的主題是積極的，它反抗了封建婚姻制度。我們肯定悲劇的造成決不是舊的天意註定，或是一般的「一七二八三六四九」誤了這個謎語設的日期，而是罪惡的封建制度。爲了更好的突出這一主題，除了刪去誤期，更加重了逼婚的情節……

提起馬俊這個人，我們也很難找到像他可憐的人物。在這故事裡，馬俊是被擬做，對於昭君的毛延壽，對於劉備的曹操，枉受着無謂的咒罵。但他卻是個善意的第三者，恐怕也是聽了父母之命，無可奈何，和英台訂婚的。不過，依照上述的台灣的一個傳說，他是可惡的陰謀家，已經在杭州覬覦過英台，又使媒人欺詐英台雙親，終而奪取英台的。梁松林的馬家央媒人求親新歌上下本，描寫「媒灼言」描寫得很詳細。據媒人蜂官的嘴，馬家祖居雲南，仍有五落大房子在那邊，現在在上海開當舖，另有十二坎行口散佈各地，父親名叫馬省三，現居越州太平庄，曾做過吏部尙書，家財百萬餘。小姐在杭州和馬公子同牀食，愛上了他，這次叫他先回來求親的。這樣的巧言佮色，祝母那裡擋得住呢；而且遣個奴僕叫做禮仔走杭州催她回家了。（我們知道英台的訂婚是無視她的自由意志擅自被推行的，三伯的誤期不誤期概沒關係。）

依照祝家的富豪和英台的愛情來推想，那天祝家的酒菜一定是搜盡了山珍海味的。這裡就要「安童哥仔」上台了。他可算是這幕「哀史」劇中唯一的丑角，做人飄逸而乖巧、滑稽而能幹，所以台灣人大家都喜歡他。「安童哥仔」幾乎變成一個好伙記的代名詞了。他奉了祝母命令要出去買菜的裝扮是：

安童趕緊就來去　行路相似風送箭
安童哥仔有主意　就欸現金四千四
背帶肩頭叮噹硯　糞擔順續㩳一枝
菜籃趕緊就挑起　趕緊落街卜料理　（趕緊：趕快。硯：搖。順續：順手）

他買菜的情形是：

交關小可錢　卜買小可物　夥記聽一見
開言就講起　貨物滿滿是　看汝愛甚麼

安童个笠就溜起　打一个頭鬃螺仔
在彼耳仔邊　目睭汁汁轟　東旁看過來
西旁看過去　大先看定意　特色的菜味
…………（小可：一些。大先：先）

場面一換，安童隨着輕快的音樂伴奏做滑稽科，使觀衆抱腹大笑，把緊張的精神暫時放鬆。酒飯都用完了。但英台不但連一字「婚」都不敢提起，且在一向不開的愁臉重新帶上眼淚。三伯不得不鼓起勇氣問問她了：

三伯飲酒醉微微　扒起倚到娘身邊
杭州定約成連理　今日因何無提起
英台聽見苦哀哀　共哥定約是實在
二八三七四六來　是哥全然袂曉猜
三伯開嘴就應伊　着記杭州同學時
當初及阮結兄弟　今日特來求親誼
英台聽見笑微微　輕聲細說梁哥知

自恨母親較不是　將我匹配馬俊伊
三伯聽見泪滓流　雙手盤落妹肩頭
羅粘嘴爛刺咽喉　生死共妹結到老
……
英台聽着淚哀哀　頭上金釵拔落來
當初及汝仝結拜　看釵親像看英台
三伯接釵心正苦　三股頭毛剪一股
奉送小妹做粽步　英台煩惱想無路
士久近前說因伊　咱今主僕緊來去
看見英台薄情意　官人在此無了時
……　（扒：站。着：得。羅粘：流淚。親像：好像）

（三伯探英台歌）

《人民文學》的第八景「樓台會」描寫兩人互相譴責而互相懊惱的情形，描寫得更切實更藝術化。不過在台灣這一段也算是這幕劇的劇情最緊張最騰高的場面了。

三伯回家以後，相思病重，不能復起。梁母雖屢次請醫生，總不見効。

有一天，英台在後面花園裡，聽見有人叫她名字，乃是一隻鶯哥，腳縛着一封信，拆開一看，才知道是三伯托牠來討藥方的。他要：

天頂六月霜　　貓腱水蛙毛
龍肝鳳腹腸　　金鷄頭殼髓
（三伯相思歌，英台弔紙歌上本）

可是，世上那有這樣的東西呢？英台只得寫了一張很懇切的安慰他的信，剪了自己褲帶三同寸，同封托牠拿回去了。女人送褲帶給男人的意思是說把我的貞操獻給你。可惜，這個寶貴的紀念品也已經不能起甚麼特別作用，三伯知道無法廻狂瀾於旣倒，終而一命嗚呼了。這一段利用鸚鵡來討藥方，或是編者從「孟姜女」所得之暗示。因爲在萬杞良被殺之後，化做一隻鸚鵡飛來告訴孟姜女。（參照孟姜女配夫新歌）

英台怎樣知道三伯死了呢？最平凡的，是煩士久走一趟。（三伯想思歌，哀情三伯歸天歌）但有一說，或是倣效「關公顯聖」，說三伯靈魂飛到英台綉房來，告訴她：「我已死了，在南山等着你。」英台驚醒，坐在牀上大哭一場等等，很有趣味。（三伯顯聖托夢英台歌，宋文和）

英台決意要到梁家去弔孝。祝母當然不肯。但英台是誓死要遂願的。祝母不得不放她去，卻附了一個條件，切不可給外人，尤其是馬家知道。她和仁心又打扮男裝起程。這次的男裝不比從前的有意義了。也不是主要眼目。不過因爲她們的男裝，不但不令馬家察覺，連三伯母親都看不出是害死兒子的寃仇人的英台，倒同情她的哀苦的厲害：

安人看見心頭悲　　這位朋友有情義
比我哭子較盡意　　不知及子是障年　（障年：怎樣）
（英台祭靈獻紙歌，英台弔紙歌上本）

假使以其行屍走肉似的肉體也好，英台眞是嫁給馬俊的話，「三伯英台」就根本沒有價値了。「三伯英台」之所以流芳萬世，是在英台以「處女」殉死三伯的地方，好像瑪利亞之被稱爲聖母，是她以處女生了耶穌的緣故。不過，國內許多地誌都是：

……明年祝適馬氏，舟經墓所，風濤不能前。英台聞有山伯墓，臨冢哀慟，地裂而埋壁焉……。（明張時徹嘉靖寧波府志）

……祝適馬氏。乘流西來，波濤勃興，舟航縈迴莫進。駭問篙師，指曰，「無他，乃山伯梁令之新冢，得非怪與？」英台遂臨冢奠，哀慟，地裂而埋壁焉……。（清閩性道

康熙鄞縣志）

依照上記文脈，英台好像已忘卻三伯，決意想要嫁馬俊的，而她的哭墓、地裂而埋璧是事出意外的。

可是，許多傳說，如海陸豐、閩南以及台灣，都說英台早已知道三伯墓所，這次奠冢哭墓是有積極意識的，甚至暗自期待奇蹟的出現也似的。——當馬家迎娶的隊伍，以鑼鼓隊爲先，嘩嘩啦啦地要過三伯墓前的時候，花轎裏面的英台已壓不住悲憤，與馬俊爭吵，而擅自跳出花轎去祭墓。那時候她的裝飾是：

媒人牽出新娘來　正是越州祝英台
恁今大家皆看覓　一蕊牡丹花當開
頭戴鳳凰珍珠墜　七口紅綾滿面垂
比樊梨花猶較粹　不高不低眞古錐
身穿綾羅綉龍鳳　腰縖玉帶垂四方
這條彩裙也賢創　三寸金蓮眞巧粧

（看覓：看一看。粹：美麗。古錐：可愛）

在她眼底，背後的馬俊也沒了，封建禮教也沒了。或者今天的盛裝是特別地爲了墓中的三伯而穿來的。她把預備來的牲禮和香燭按排好，就跪下去，放聲大哭起來。她哭得多麼哀切，多麼悲傷，讓我依照「歌仔册」抄一抄：（小字是所謂襯字）

（附額）

英台落轎唉來啊祭伊　手夯清香有唉三枝唉
雙腳齊齊唉跪落去唉　呼請梁哥親唉名字唉
梁哥親唉名字啊　心肝我君唉
一拜梁哥唉心唉頭糟　杭州及我帶唉同學唉
汝咱二人唉上相好唉　梁哥一命爲唉我無唉
一命為唉我無啊　心肝我君唉
二拜梁哥唉淚唉哀哀　燒香呼請梁唉哥知唉
汝我杭州唉同結拜唉　來娶歹命唉祝英台唉
呆命祝唉英台啊　心肝我君唉
三拜梁哥唉哭唉及啼　汝我杭州同讀書啊嗳唷唉
學中及我唉結兄弟嘍唉　梁哥爲我病想思嗳唷唉

心啊肝唉　　　　心肝我君唉
四拜梁哥唉着有聖唉唉　　來娶英台做伴行嗳唷唉
夭壽馬俊啊來迎娶嘍唉　　叫我配伊準不成嗳唷唉
心肝唉　　　　心肝我君唉

（新編英台拜墓歌）

哭完，她揮着眼淚，拔起頭上金釵對墓牌插下而狂叫：

有靈有聖墓牌開　　無靈無聖馬俊歸

三伯陰魂展了神威，墓牌裂開，其響如雷，英台躍身串進去，馬俊狼敗失措，只得扯下裙角一片。他大罵媒人，大罵英台，大罵三伯，搥胸吐血，一命也歸陰司了。

這裡欠了很重要的一個場面——「化碟」。依照《人民文學》最後的「禱墓化蝶」，景作：

（狂風驟作，大雷大雨，轟然一聲，坟墓洞裂，英台縱身躍入，衆人欲阻，扯下衣襟片片，化作蝴蝶，隨風廻翔，翩翩飛舞。——燈暗）

（燈火復亮，風和日麗，花鳥爭春，彩虹萬里，神仙境界，祝英台，梁山伯，化作蝴蝶，翩翩起舞。）

不但此世片片衣襟，連他們自己也在仙境化做蝴蝶了。謝雲聲氏的〈閩南傳說的梁山伯與祝英台〉也有「化蝶」一段，爲什麼在台灣沒有這段話，至今還是一個大謎。

大部份傳說與志乘，都以「化蝶」爲梁祝悲劇的結局，但在台灣還富於迂餘曲折呢。

他們不但不能化蝶，清遊仙境，反而被囚在枉死城，受馬俊追訴，要經一次閻王審判。原來台灣人因果應報之觀念特別深，常欲談及陰間地府。於是他們就寫出「三伯英台馬俊陰司對案歌」，「特編三伯遊天庭新歌」(梁松林)，「三伯英台遊地府歌上下本」(禾火)來了。原告馬俊說的有理，她母親身收我聘定，英台也甘願要嫁給我了，而在南山三伯強權奪理，把我妻劫到墓裏去。三伯和英台只能胡說抗辯，我們已在杭州學堂訂約了，她愛我，我愛她，爲了馬俊平地起風波。這樣的觀念論在現代社會也難使人承服，何況在媒灼言父母命之封建社會，如何說得通呢？論眞說起來，閻王也沒有理由判馬俊不對的。這裡的出路，只有「姻緣」一條而已。姻緣——這個東西是兩刃之劍，很利便的東西。閻王也利用這個寶貝馬虎了事。他叫崔先生看看「姻緣簿」說，三伯原本是金童，英台是玉女，馬俊是五鬼精，金童應配玉女，馬俊五鬼精另有杭州七娘兒待配。

這樣，他們倆姻緣是註定，能夠結婚是沒疑問了。但不論在天上，還是在陰府，不是現世的結婚是不現實、沒有意義的。不叫他們回陽不行。眞的能隨便來來去去嗎？這裡就有一個寶貝——「命數」。閻王看簿知道，三伯壽數是八十二，英台該終七十四，馬俊是五十一，但因馬俊把「陰陽水」自己飲了後，潑在地上圖謀使他們不能回陽，卻被罰減了一紀年，所以變成三十九，三人就這樣回陽了。

劉萬章氏的《海陸豐戲劇中的梁祝》說海陸豐也有這樣一個節目，叫「閻王審」。四川梁祝故事的花鼓詞，最後一段也與這略同。依照何其芳氏：

那的確帶有迷信或「命運」的色彩，我們改編的時候是應該刪掉的。（《西苑集》第一八一頁）

回陽後的三伯英台是過着怎樣的生活呢？當然英台是嫁給三伯，做個賢妻良母，三伯是應舉中狀元（其實，東晉還沒有科舉制度），身……（未完）

（刊於《華僑文化》（神戶）第五五～五六號，一九五三年十二月～一九五四年一月）

（漢文原作）

台灣光復後的話劇運動

光復培養了台灣人的話劇運動的幼芽，而二二八慘案又殘酷地壓死了它。

從光復到二二八的一年半的短促時間，雖然從今天看起來，不過是「暴風驟雨之前夜」，但還不失爲一個「較」甜蜜的時代。何況剛從日帝壓迫脫離了的當時的台灣人，天眞地以爲「自由之女神」降臨了，以爲台灣始歸台灣人之手了，歡天喜地地發展他們的文化活動。

說起台灣的話劇運動，差不多二十年前就有先進的知識份子的一連串活動。但因其上演節目多屬國內與日本的翻譯者，偶有原作也屬於所謂人情劇或社會悲劇，不敢、也不能大膽抓住社會現實，而欠乏「爲民前鋒」的氣魄，自然游離群衆，對整個社會未起重要作用。旋被總督府禁止，越愈被群衆忘卻了。

那時，有所謂「歌仔戲」由舊劇蛻變出來，它的生命算最強韌，好像下等動物。但因其古陋性與庸俗趣味，當做鄉下婦女們的娛樂則好，要說「新劇運動」則不夠資格。

皇民化時代的「改良戲」可算帶些近代氣味，但究竟出乎日人作弄，一見青天白日就雲消霧散。

也許由於這些不甚光榮的歷史，在台灣大多數群衆腦裡，仍有牢乎不可破的「下九流」思想，所以光復後有一批青年知識份子忽然展開了話劇運動，也就是台灣人的意識形態的開始動搖的時候，進而在社會生活上，現出一個新局面了。

此時的演劇運動的陳勝吳興，都是不諳習演劇技術的外行的青年們，這個事實雄辯地表現了當時話劇運動的本質。他們似乎抱着「乃公不出如蒼生何」的大無畏的精神，跳出社會的最前線來，既不介意家長的勸改，又不怕長官公署的歧視，那裡有工夫顧得及末梢的演劇技術呢？

他們不期向齊，從台北到台南，舉着理想的大火炬，好似把台灣這條「蕃藷」，由頭尾兩方面燃燒起來了。

一九四五年（光復那年）十月底，台南學生聯盟在台南市延平戲院，公演王莫愁（東京大學文學部肄業生）原作及主演的「新生之朝」三幕劇，和黃昆彬（日本中央大學法學部肄業生）原作之「偷走兵」獨幕劇。前者先以描寫光復的喜歡，繼而諷刺把自由誤認放縱的當時社會通弊。後者抨擊日本憲兵的横暴與提醒「學徒兵」的悲哀。

而這次台南演劇界空前未有的盛況，夠它叫他們勇敢地突進了下一次冒險。

同年除夕，他們所組織的「戲曲研究會」（會員都是學生），又假延平戲院，發表了王莫愁原作的「鄉愁」與黃昆彬原作的「幻影」。成績頗爲可觀。尤其，前者以當時衝動留日學生戰後的窮境爲內容，博得觀衆深刻的同情與感動。

一九四六年(二二八慘案上年)六月，簡國賢、宋非我等人的「聖烽演劇研究會」在台北市中山堂公演「壁」與「羅漢赴會」。前者以當時已成爲社會疾病的貧富問題爲題目，痛擊省長官公署勾結外省奸商搾取省民膏血的現狀。後者即幽默地諷刺男女平等思想，甘受「海派」婦女們的咒罵。

這次在省會台北市的空前未有成功，雖有王白淵等文化人擁護及報紙好意的宣傳的緣故，風評瞬時流佈全省，劇情轟動全台，喝望再演、巡演的民聲日趨強烈，而他們欲應此民意將要續演時，省長官公署白眼轉凶了，舉起傳家寶刀「傷風敗俗」，彈壓禁止。

台灣人的話劇運動，因此受了嚴重的打擊。但又不甘一時死心，還是繼續下去。不過不敢太膽大了。

不久，林博秋(曾任東京「紅的風車」(ムーランルーチュ)的文藝部員)與張冬芳(東大文學士)主持的「人劇座」，在台北市中山堂公演「罪」與「醫德」。前者描寫男女三角戀愛，後者諷刺醫師道德。他們鑑於前轍，不敢提及赤裸裸的現實，結局不能滿足了切實的群衆期望，畢告慘敗。聽說他們起初計劃排演「海南島」，要描寫被日人征徵到海外的省民，在光復後也不能得到政府的保護，反而受盡當地反動政府的歧視與壓迫的情形。可是不幸得不到省政府的批准。不得不作罷了之。此時陳儀一派的惡政虐治已到極點，省民淪陷於塗炭之苦，全省風聲鶴唳，草木皆兵，於是，省長官公署又復活了日治時代的查閱制度，凡稍帶進步性文娛活動都受壓迫。

是年十一月，王莫愁藉台南一中遊藝會，發表「青年之路」。他的目的不過是解剖台灣的封建社會，警惕學生的非行亂作蓋在惡劣家庭環境的事實。但剛從海南島被遣送回來的同胞的像乞丐一般的悲慘現實，壓不住他由衷的公憤，遂在劇中提及此事，在表演中倒比主題引起了較大的觀衆關心與感動。教育廳狼敗異常，一面以「諷刺政府備至」爲理由糾正王莫愁個人，一面通令全省學校，此後雖屬遊藝會，劇本必須提前受當地警察局查閱。

翌年即一九四七年(民國卅六年)，二二八慘案發生，果眞民憤壓抑不住，爆發起來。但結果呢，劊子手們卻藉此機會，開始血腥的彈壓了。新劇運動的青年們面臨事件發生，自然是站在要求「民主」和「自由」的群衆的這一邊，實際怎樣，現在沒有資料，難以查尋。不過，經過這次血腥的彈壓，聽見有的被殺，有的被捕，有的跑掉，一部份離開了台灣。而關在孤島上的，即一直掩旗息鼓，不敢再露面。

其後，至一九四九年初間(民國卅八年)，陳誠出任台灣省主席以前情勢還鬆些，有些人還想藉機會嚐試露面。不過，都沒有成功。自蔣介石遷台後，即連透氣也不成了。宋非我，傑出的新劇角色離開了台灣跑到日本，又到香港，而最近據說在上海。其餘的人們，在台灣的只有假裝憨呆渡其苦月，在海外的，卻除已回祖國者，也只有品嚐流離失所的苦味，等待着將來的黎明。

這樣，台灣人的話劇運動，無情地被摧殘的一乾二淨了。但，我們相信不久將必有它的萌芽茁生的日子。讓我們爲這一光明的一天開始學習，積存力量！

（原編者按：台灣的話劇運動，其歷史很短，而在海外資料欠乏，很難詳盡正確地記出。玆為紀念二二八起義七周年，我們特請「黎明」先生撰文登載。一者為紀念夭折了的台灣話劇運動（雖然它仍有濃厚的資產階級民主運動偏向，但它究竟還是屬於進步的一邊），二者回顧二二八起義，三者作為僑界演劇活動的參考。）

（刊於《華僑文化》（神戶）第五七號，一九五四年四月一日）

（漢文原作）

書評

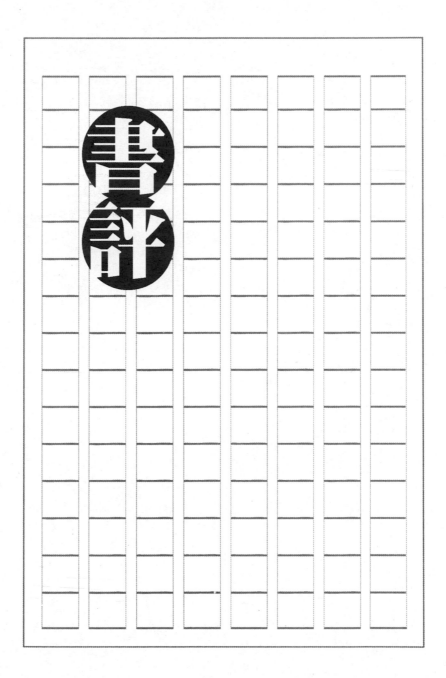

盾的反面

——周鯨文著，池田篤紀譯《風暴十年》*

筆者與本書邂逅之始，是一張貼在中華民國東京華僑總會的宣傳海報，這麼說雖然有些難爲情，不過這本書確實不受日本主流媒體的青睞。或許在日本當下「進步的」思想潮流之中，這本書儼然是一部「反動的」揭密之作吧！

儘管如此，對我們而言，這本書仍有其不可忽視的時代意義。「對於中共政權的評價，可說人言人異。然而無論是肯定的看法，或是否定的意見，過去所發表的評論，絕大多數都是外界的觀點。參與政權其中，並從內部細細觀察，自由地發表個人意見」(「譯序」)的這本書，讀來特別發人深省。

周氏早年曾遍歷早稻田大學、密西根大學及倫敦大學等校，返國後出任東北大學的副校長兼法學院院長，可說是標準的資產階級出身，且是受過自由主義思想薰陶的知識份子。同時他也分別在哈爾濱的《晨光晚報》、北京的《自救周刊》、香港的《時代批評》及東北的《東北文化》等刊物，擔任主要的政治評論及報導撰述工作。

一提起中國的政黨，相信大多數人都會立刻聯想到國民黨或共產黨，其實在這兩黨之間，還存在著一個「中國民主同盟」，留下許多活躍的成績：「民主同盟係由許多小黨派集結而成，於一九四四年成立，當時這個新黨的出現，曾經爲中國的政治注入一股新鮮空氣，不少對國共兩黨失望的人們，轉向支持民主同盟，其中還包括國民黨內的進步份子，以及各地方的意見領袖、著名士紳及政治活動者。」(「統一戰線及民主黨派」p.20)而周氏正是參與創立民主同盟的一員。也因此，國民黨始終視其如眼中釘，欲除之而後快。後來民主同盟不斷遭受國民黨的迫害，最後終於在一九四七年被命令解散，大部分的幹部被迫逃往香港。而共產黨則一向對其表現同情的態度，同時還高唱「統一戰線」、「新民主主義」與「聯合政府」的口號，以討彼等歡心，最後終於成功地招攬了這批流亡的自由人士。從一九四八年十二月到翌年的三月，包括李濟深、沈鈞儒、章伯鈞、馬叙倫、陳其尤、郭沫若、沈雁冰(茅盾)及本書作者在內的八位，便受邀啓程前往北京，參與剛穩住局勢的中共政權。周氏被任命爲中華人民共和國的中央政治法律委員會委員，後來他卻在一九五六年年底脫身逃往香港，本書便是他抵達香港後第三年年初完成的作品。

放眼全世界，像日本這樣議論中共政府之毀譽褒貶的國家可說絕無僅有。包括左右兩派日本人所著的考察記、見聞錄，或羅貝爾・紀蘭《六億的螻蟻》(文藝春秋社，昭和三十二年)與西摩奴・包威爾《漫長的旅程》之譯作的對決，再加上以旅日華僑爲對象的許宮《人民服的世界》(鏡浦書店，昭和三十一年)及《大地報》的強烈宣傳戰，在在都讓人感到各方勢力的傾軋角力。以我們的立場而言，無論是哪種觀點的文獻資料，都希望能在最短的時間內消化吸收，成爲個人世界觀的一部分。因爲如果年紀輕輕便對某種特定偏見(通常被認為是真理)過度著迷，或對其他思想、意見不屑一顧，這對心理的健康顯然無益，或可說是過早發作的思想動脈硬化。

在閱讀這種揭密作品(似乎有點語病)或宣傳作品時，最重要的是對作者、發行單位的經歷及立場有初步的理解。通過這個前提，再決定對內容採取幾分信賴。不過話說回來，這也是最困難的地方。筆者在此衷心期盼，無論如何應該要避免過早下定論。

作者在書中簡而有力地提出他的看法：「我親眼所見到的是，共產黨的血腥統治，人民付出無盡的鮮血之代價，殘酷的鎮壓與剝削，無數過著非人生活的人民，受到恐怖政治蹂躪的廣大人民，還有許許多多遭到凌虐的知識份子的心靈。」(「日文版序文」)

自從共產黨奪得政權之後，立時推行一連串大規模的運動，包括土地改革運動、反革命鎮壓運動、抗美援朝運動、三反五反運動、思想改造運動、婚姻法貫徹運動、反胡風運動、反革命肅清運動、反右派運動，以及最近的人民公社運動等。雖說「海外報導所提及的只不過是運動的一般型態，或者是在個別的運動下，少數爲外人窺見的殘忍現場」，實際上，在這個「不斷清算與鬥爭」的過程中(p.109～234)，從一般民眾、勞動者、商人到知識份子，無論個人或家庭，都遭到個個擊破的命運，在這段歷經馬列主義洗禮的艱苦過程中，難以計數的人們付出了生命的代價，而更多僥倖留下性命的人們，則在精神上烙下了難以磨滅的創傷。

然而共產黨的高幹們在這一波波全民運動的滔天駭浪中，卻宛若無事的局外人一樣，他們立刻住進了接收而來的豪門巨邸，請來一流廚師，身旁隨時有美女環伺，坐的是最新型的進口轎車。然而一般的平民光是爲購買幾克的肉或油，卻得一大早就開始排隊等候，過著奴隸般的日子，但經過他們眼前的，卻是一輛輛裝載著高級水果的貨車，正運往中樞要地供高官顯要或外國賓客享用。(「狂人的天國」「人民的地獄」，p.235～328)

在外交政策上，共產黨巧妙地運用打擊、分化、利用及佔領的多種手法，據說這是周恩來在政治協商會議中對內部同志公開表明的。簡而言之，就是帝國主義的龍頭老大美國隨時隨地給予打擊，對英、法等國則必須同時採取打擊與分化的手段，對印度、印尼或埃及等國家則加以利用，而殖民地或弱小國家則不放棄隨時佔領的可能性。(「狼與狐的外交手段」，p.341)

結果出人意料之外地，效果最大的竟然是所謂的「招待外交」。「資本主義國家＝自由社會中成長的人們，多半擁有人類天生的感性，一旦受到他人熱情的招待，往往難以啓齒進行嚴厲的批評，這種無法以怨報德的心理，便爲共產黨所善用。」(p.348)這也可從「自從李德全由東京返國之後，便在報告中明白指出，曾經訪問過中華人民共和國的日本人可說是贊成我等訪日最主要的功臣」(p.350)的描述中可見一斑。

「共產黨有句老話說『脫褲子』，意思是在眾人面前將個人所有的生活私密毫無保留地暴露出來，並且進行嚴厲的自我批判，甚至上溯至祖宗八代，藉由這種手法完全摧毀一個人的尊嚴，讓一個人墮落到不知羞恥的禽獸的境地。」(p.368)這段文字直截了當地描寫出具備高度自尊心的知識份子們，在這段思想改造運動中所遭遇到的「檢討與批判」的實際場景。反過來說，這本書的面世其實也讓中國共產黨嚐到了在世人面前「脫褲子」的滋味，首次將令人難以置信的恐怖場景暴露在全世界面前。

當然有人會對本書的說法質疑，甚至提出反駁。無論《中國畫報》或《人民中國》，都不斷報導中共所推動的偉大建設，以及浸淫在幸福生活中的中國人民，難道這些都是謊言嗎？不容否認地，這些刊物所報導的都是百分之百的正面消息，但是內容有時難免有前後不一、互相矛盾的地方，讓人難以理解。單靠一兩次的實地考察，實在無法解開這個謎團。要揭開這個謎題的眞相，最重要的前提是，必須具備足以洞察歷史脈絡的銳利眼光。

筆者在此提出一個最簡單的問題，爲何中國人民不願支持國民政府，而選擇支持中共政權？作者在書中給了我們答案，問題並不在於共產黨有多好，而是國民黨有多糟糕。第一、在抗戰末期，國民黨可說腐敗無能到了極點。第二、抗戰勝利之後，負責接收敵產的大小官吏幾乎全都是貪官污吏，喪失民心可說勢在必然。第三、在接近天文數字的通貨膨脹以及金元券制度的巧妙設計下，人民的生活可說瀕臨破產的邊緣，而這正是共產主義的溫床。第四、國民黨對本身的失策不願反省，反而大肆鎮壓黨內的反對派。第五、扼殺人民要求民主自由的聲音，平白為共產黨提供了宣傳材料。第六、在軍事上頻頻遭受嚴重的挫敗。（「風暴十年」，p.8～9）

那麼人民對於共產黨的態度又如何呢？從一九四九年政權成立到一九五一年春天，基本上人民採取的是「觀望」的態度。從一九五一年到一九五二年年底，一連串激烈的土地改革與思想改造運動期間，人民漸漸由「失望」轉為「懷疑」。從一九五三年到一九五五年春天之間，則沒有任何全國性的大運動，而人民也改採「沉默」，只求個人明哲保身。到了一九五五年夏天，則開始進入「反抗」的階段，並且從言論批判提昇到武力反抗。（「人民的反抗與共產政權的前途」，p.397～399）

其實從幾年之前開始，在日本的中國語學界及文學研究者之間，至少在筆者知道的範圍內，已經出現一股懷疑的氣氛。不久前曾獲頒史達林和平獎的作家丁玲、魯迅的高徒胡風，以及紅樓夢研究的權威俞平伯，才相繼被當作批判的標的，這回連著名的語言學家陸志韋、王力等也成了被攻擊的對象。他們的罪名不言可喻，不外乎標榜右派立場、具有資產階級思想云云。縱令馬列主義真是如此萬事不易的絕對真理，但其做法真有必要如此苛刻嗎？而且從資本主義社會過渡到社會主義社會之際，非得進行如此殘酷的鬥爭，忍受如許重大的犧牲嗎？不解的問號悄悄地在每個人的心底升起。

此外，領導台灣民主自治同盟的謝雪紅也在莫須有的罪名下被鬥垮，更對台灣人造成莫大的震撼。沒想到連資歷長達三、四十年的共黨鬥士也無法被中共主流派所接納，那一般的台灣人將面臨何種命運，實在令人難以想像。

如今有一群對中國大陸失望的中國人不投靠香港或台灣，他們獨自在海外形成一股第三勢力，也就是人家口中的「海外中華」或「第三個中國」。他們在各地展開活潑的言論批判，與日本之間也有相當程度的關係，他們未來的動向如何，值得我們關切。

（刊於《台灣青年》第一期，一九六〇年四月）

（賴青松譯）

＊時事通訊社，昭和三十四年九月出版。

過去的中國留日學生眞了不起

——さねとう・けいしゅう《中國人日本留學史》*

本書作者是一位與中國留學生因緣深厚的早稻田大學教授，也是日本現代中國研究的權威之一。

讀者或許會對封面上以假名書寫的名字感到怪異，但從該作不使用訓讀漢字、以橫排排版，並在文節處空格，使閱讀更加順暢的作法來看，可以知道作者的用心並非在於標新立異。作者除專攻中國語學、文學以外，對於日本語的「正書法」❶亦自成一家之言，展現出一個有勇氣與行動力的教育家典範。作者在這方面的看法，與近來在報端上爲「送假名」問題奮戰不懈的倉石武四郎博士（參照《とろ火》，くろしお出版、昭和三十五年三月）可說相當一致。兩位中國研究的泰斗，不約而同地在日語書寫上提倡「進步的」理論，這個巧合相當值得玩味，讓人禁不住懷疑，是否直接或間接地受到中國簡體字運動和拉丁化運動的影響。本書在這一點上所帶來的新觀點，確實別具意義。

本書可謂作者窮畢生心血的大作，彌足珍貴。全書徵引豐富的資料，以設身處地的關懷筆觸，描繪出一八九六年至一九三七年，這四十二年之間中國留日學生的生活實態。要將這部六百餘頁的鉅著仔細介紹，實在不是一件容易的事。或許我們可以從本書的目次，來掌握全書內容的梗概。

第一章　中國人留學日本的原因
第二章　中國人留日的變遷史
第三章　留學生在日本的生活
第四章　留學生與日本人
第五章　留日學生的翻譯活動
第六章　對中國出版界的貢獻
第七章　日語語彙融入中文
第八章　留日學生的革命運動

各章都令人興味盎然。尤其是第八章，特別使現在的留學生心中五味雜陳。

中國人赴日留學，始自一八九六年（明治二十九年；光緒二十二年），當年有十三名留學生通過總理衙門選考，赴日留學。此後留學的人數逐年攀升，從記錄上可以得知，一九〇五、一九〇六年時曾到達八千人次的頂峰，後來隨著中日兩國的交惡，人數漸減。過去四十年間，總計有五萬名留學生前往日本，這可算是世界留學史上值得大書特書的一件事。

是什麼因素驅使中國人絡繹不絕地赴日留學呢？作者的看法是：第一，中國爲了在短時間內達成現代化，與其到歐美等發源地鑽研，還不如到日本來學馬上派得上用場的東西更有效益。其二，中日兩國皆用漢字，語言容易學習，加上風俗、習慣上也多所共通。第三，距離近。當時的留學生不僅是國家未來的要角，也是當下的意見領袖，在國內發生問題的時候必須即刻返國。因此，日本在這一點上具備了理想的地理條件。第四，留日的費用較歐美減省許多。有時因爲匯率變動，留學日本甚至比在中國國內求學來得經濟。

回顧日本和中國當時的環境與現代化的速度，便能理解以上所列舉的諸項理由。若以今日的世界情勢推想，或許各位會感到有些難以接受。日本現今雖然也有許多來自亞洲各地（除中國大陸以外）的留學生，但是他們不僅出身、民族各異，留學的動機也不盡相同。

舉例而言，今昔同樣都有爲了促進祖國現代化而赴日取經的留學生，但他們不似從前的中國留學生，因爲祖國的現代化腳步遲緩，存在著害怕祖國遭列強瓜分的憂慮。因爲時代不同，研究學問的態度也從以往的「淺薄速成」轉變成今日的「慢工出細活」。現今由於初步的現代化基礎已經完備，努力的目標是追求更高度的現代化，已少了一份燃眉的急迫感，這是造成此一轉變的主要原因。

在日語比較容易學習、風俗習慣也多所共通的考量下，留學日本對台灣、朝鮮的學生來說，的確是很強烈的吸引。由於他們過去曾接受日本教育，所以雖然來到異鄉日本求學，卻沒有留學的新鮮感。說得貼切些，那有點兒像延續過去中斷的功課。這一點跟亞洲其他國家的留學生較不相同，對他們而言，學習歐美的文字語言要比日文容易得多。特地到日本來留學的原因是對同爲東洋人的日本有親近感，以及日本的學問比歐美更切合自身的需要（人文科學或農學即為其中的代表）。雖然風俗、習慣未必相通，畢竟不至於造成太大的隔閡。這些留學生泰半出身上流階級，在自己的國家過著歐美式的生活，來到戰後美國風盛行的日本，應該不會不適應才是。

留學生不管在任何時代都可說是國家未來的要角，但畢竟已非當下的意見領袖。至少以目前台灣、朝鮮的留學生而言，事實上更像是被國家放逐的「亡命之徒」。他們並非爲了能夠隨時返國而選擇距離較近的日本留學，只因爲日本是一個可以暫時亡命的所在。他們甚至不期望留學的期限早日結束，反倒更期盼留學的日子多拖一天是一天，甚至長久在日本居留下去。相形之下，東南亞各國的留學生處境或許更近於往昔的中國留學生，但是在飛航工具進步、世界相對縮小的今天，因爲日本的距離較近，選擇日本作留學地的必然性可說已十分薄弱。

再者，留學日本費用較少的理由似乎也不成立。一般而言，現在的留日學生不管公費或私費，生活都不優裕。日本的生活水準確實比歐美略遜一籌，但在亞洲國家還算首位。在歐美國家打工容易，報酬也不低，在日本則一事難求，待遇惡劣。此外，歐美的獎學金制度非常普及，日本卻十分罕見。目前來自東南亞各國的留學生人數不多，而且大部分是公費留學，他們泰半住在留學生會館裏，生活比較舒適優渥。相比之下，佔留日學生絕大多數比例的台灣、朝鮮籍學生則多是自費留學，家裏的接濟是唯一的經濟來源。他們最基本的生活費用，估計是一個月一萬日圓，但在台灣，一個職員的平均收入換算成日圓，也不過五千日圓上下。幸好他們多來自中等以上的家庭，父兄大多是企業家，勉強還能供應留學的開銷所需，但可以想見，這些家庭爲此都付出了莫大的犧牲。

如此比較之下，可以知道今昔的留日學生，從留學的理由到生活種種，確實存在著本質上的差異。職是之故，這部描寫往昔留日學生的生活、他們所發起並參與的各種運動，乃至頌揚他們爲新中國締造輝煌事功的著作，看在今天的留學生眼裏，已然時過境遷，不過是一場春秋大夢罷了。

日語的譯介工作曾經是留學生的主要活動之一，但對於現今亞洲各國來說，其重要性已經大大地降低（可想而知，西方陣營的國家多由領頭的美國直接進口，東方陣營的國家則來自大哥蘇聯），日語譯介的工作衰微。對照現今留日學生困窘的景況，往昔的留學生們不但承攬翻譯、編輯、出版的工作，影響力更遍及全中國的文化、教育、出版印刷業。現在的留學生如果知道前人們是如此地叱吒風雲，一定要發出不知是驚訝或欽羨的嘆息吧。另外，如果知道現今人們習以爲常的「經濟、社會、哲學、繼承、分配、生產、原料、人格、半島、服從、～式、～力、～性、～論……」等等詞彙，事實上是經由留學生輸入到中國的日本語彙，想必更能體認日、中兩國的文化交流之深遠。

日本實爲中國民主革命的孕育之地。留學生們對祖國的貢獻，莫過於體嘗到革命的精神，陶冶出許多有志革命的青年，歸國之後並成爲領導民衆革命的旗手。偉大的革命家孫文以及卓越的理論家康有爲、梁啓超等人雖然不是留日學生，但若非他們曾經在流亡日本期間得到廣大留學生的同情與支持，很難預料中國民主革命會如此順利。在此試列舉一些較爲人知的政治家及文化界人士，有過留日經驗的包括：章宗祥、郁達夫、張資平、成仿吾（東京大學）；宋教仁、張繼、陸宗輿、李大釗、錢玄同、陳望道（早稻田大學）；汪兆銘、居正、胡漢民、戴天仇、廖仲愷、王揖唐、沈鈞儒、董必武、周作人（法大）；高一涵、歐陽予倩（明大）、蔣介石、閻錫山、何應欽、張群（陸士）；陳獨秀、田漢（東高師）；魯迅（仙台醫專）；何香凝（美校）；郭沫若（九大）；吳稚暉（宏文學院。一九〇二年創設，一九〇九年關閉，畢業的留學生共三八一〇人）等等。

黃花崗七十二烈士中就有八名日本留學生，一九一一年十月三十日雲南起義時，四十位幹部中就有三十一名留日學生。參加革命運動的女留學生亦不在少數，其中最負盛名的應屬秋瑾。秋瑾曾留下丈夫、孩子，隻身赴日就學於實踐女校。

留學生在日本政府的嚴密監視及清國駐日公使館的持續打壓之下，依然克服萬難完成革命運動。其中極具代表性的一次運動，是一九〇二年的成城學校（一所陸軍官校的預校）入學事件。留學生要進入任何學校，依往例都必須取得清國公使的保證，但在一九〇二年，九名申請入學的留學生因爲被視爲革命份子，被拒絕保證。在這次事件裏，數千名留學生與公使抗爭，又在日本警方介入並拘捕多位留學生之後，演變成嚴重的政治事件。最後，駐日公使被撤換，九名學生得到了入學許可。留學生在這次戰役裏獲得最後的勝利。

成城學校事件的敵方是駐日公使館，三年後「留學生取締規則」反對運動的對手卻是日本政府，因此陷入了更悲壯、更艱難的苦戰。一九〇五年十一月二日，日本文部省公佈十五項「留學生取締規則」，該規則干涉留學生的私生活，有意排斥各學校裏「素行不良」的學生，最主要的目的還是在制約革命運動。留學生透過公使館要求日本政府撤廢這項規則，但此規則原是飽受同年夏天成立的中國革命同盟會襲擾而狼狽不堪的清國主動向日本政府要求制定的法案，自然沒有與留學生對話的可能。留學生因此罷課抗議，僵持不下，最後關頭甚至展開一齊返國的手段。這些被譏嘲爲「一盤散沙」、愛國愛鄉心薄弱的留學生們，終於也痛切地感覺到團結合作的必要，再加上留學生總會成立，才能在最後一刻全面有效地採取返國的強勢對抗手段。

進入大正時代以後，隨著日本對中國的帝國主義侵略漸次露骨，留學生的政治運動亦愈發激烈。他們在憤懣的愛國情緒下大舉歸國，慷慨地「投筆從戎」，因爲他們比誰都早一步看穿日本政府的野心。中國現代史上的一大轉捩點——五四運動，正是由這些留學生所主導發起的。五四運動的迎面大敵如曹汝霖、陸宗輿、章宗祥等人，同時也是留日學生的前輩，似乎是歷史的一種嘲弄。身爲人師，作者對留學生中竟也產生爲數不少的「漢奸」，感到相當自責。但筆者以爲這是留學生離校後的個人行爲，日本的教育無需爲此負責。

除以上簡短介紹的事例以外，本書尙記錄了許多珍貴的史實。文字平易，並且附錄了詳細的年表和索引，方便使用。一五〇〇日圓的定價或許有些昂貴，但留學生諸君必定有一讀的價值，可以乘此機會重新思考留學的意義和留學生的定位，另一方面，研究比較戰前與戰後的日本政府對留學生的接納程度有何差異、留學生本身有什麼變化，必有助於從中發現各種問題。

若要說本書有何不足的話，筆者以一名留學生的立場來看，若能對中國留學生進行家庭調查，例如其家族成員、經濟狀況、思想差異所引起的扞格等等，相信能更進一步反映出他們眞實人性的一面，對讀者也更有參考價值。

可想而知，當時與日本女性戀愛甚而結婚的留學生必定不少，在這些所謂的異國聯姻裏，他們曾經有過什麼樣的煩悶？也是一個值得探究的問題。

當時的日本還有相當人數的華僑，留學生和這些華僑的關係又如何？華僑們是否在經濟上給予他們援助？思想層面上，留學生是否對華僑有所影響？這些應該都是重要的課題。

曾經屬於中國版圖的台灣以及在中國勢力圈之內的朝鮮，當時應該都各有留學生在東京求學，他們之間的互動如何？台灣、朝鮮的政治運動和中國的革命運動或許不是全然無涉。

不過，我們也不必在過去偉大的中國留學生的陰影之下意氣消沈、自怨自艾，最後筆者希望用一個小故事來和大家共勉。

去年此時，筆者在一次旅遊中，有幸與已故中國文學家岡崎俊夫氏（岡崎於一個月後遽逝）同行。當巴士經過市川的郭沫若故居時，筆者不勝感慨地向岡崎氏問道：「從前的留學生和今日的留學生相比，果眞是前人比較了得嗎？是否就如俗話所說的『香檀之木，其苗自芳』呢？」岡崎氏似乎對我的愚問有些意外，過了一會兒才回答：「這該怎麼說呢？總歸是時勢造英雄吧！從前的留學生難道每一個都是資優生，都有比較宏偉的氣魄嗎？」筆者聽聞此言，方才振作起精神。當然這絕不是為了在自己臉上貼金而刻意去貶抑前人，筆者相信，我對留學生應該更自重自愛的期望誠已不待言宣。

（刊於《台灣青年》第二期，一九六〇年六月）

（賴青松譯）

❶指語言的標準書寫法。日語的「正書法」，包括字詞應當以漢字或假名書寫等等問題。

＊黑潮出版，一九六〇年三月。

在台外省人的流浪哀史

——王藍《藍與黑》*

張醒亞自幼父母雙亡，由天津的季姑丈(張父的姊夫)撫養長大，直至入學後方才知悉自己的身世，自此始終無法消除身爲孤兒的寂寞。

醒亞十五歲時，長他四歲的堂兄與高家的么女訂婚。高家是家世顯赫、舊思想根深蒂固的名門望族，醒亞很早即風聞高家有一個美麗時髦、較自己年長兩歲的女孩唐琪。當醒亞知道唐琪也是一個孤兒，由高家收養，始終被當成累贅一般看待之後，更在心底寄予由衷的同情。

兩年後，支那事變爆發，日軍迅雷不及掩耳地占領天津。同此時，英租界裏高家老夫人的五五壽誕照例盛大舉行，醒亞便是在這一日初遇唐琪。唐琪乘興唱了一段京戲，醒亞偶然受命爲她伴奏，這件事很快拉近了他們之間的距離。

醒亞在北平求學的堂兄，時常往返天津與未婚妻相會，他常受託當他們的傳信人。不過醒亞自己倒是因爲能藉此與唐琪見面，樂在其中。

一天晚上，唐琪避開高家嚴密的監視與醒亞幽會，卻在途中受到流氓糾纏。醒亞發揮騎士精神與對方狠狠打了一架，自己也受了傷。唐琪攙扶醒亞回季家，整夜看護醒亞，兩人也在這天夜裏第一次熱吻。然而，唐琪由於徹夜未歸，隔日便被高家禁足了。

唐琪決心離開高家，並憑著自己的學歷找到一份護士工作。她預支了三個月的薪資，租下一個房子，想說服醒亞和她同居。醒亞卻感到十分苦惱，因爲在他的朋友們皆相繼南下參加抗日戰爭的緊張時局裏，男女的情愛令他徘徊。加上姑丈一家人的強烈反對，醒亞拒絕了唐琪。

伯父將傷心的醒亞送往北平的中學進修。醒亞的摯友賀蒙爲了鼓舞醒亞，時常熱心地陪伴醒亞讀書與運動。而醒亞在北平的這段時期，唐琪卻迫於生活，跌入「墮落」的深淵。她勇敢地告發醫院院長以麻藥迷昏自己遂行強暴的事實，卻因爲惡勢力橫阻而敗訴。輿論的攻訐阻斷了她重回護士崗位的一切機會，唐琪在無可奈何下，成爲一位改良劇的演員，也曾經名噪一時。但隨著劇團被解散，唐琪又淪爲一個舞女，然而因爲桀傲不馴的個性，她難以適應這樣的工作，後來成爲一名舞池酒吧的歌手，不知歷經幾番滄桑。

此時，醒亞已自中學畢業，也恰好得到一個逃離占領區、加入抗日軍隊的機會。那是賀蒙的哥哥、擔任國府情報員的賀大哥從大後方回到東北向他們告知的消息。醒亞原想按照從前的計畫，帶唐琪一起走，賀大哥卻因爲路途危險強力反對。唐琪與醒亞相約同行，在出發時卻不見她的踪影。醒亞因爲唐琪的失約氣得發狂，咒罵唐琪背叛他的眞心。唐琪的失約，事實上是賀大哥事先勸她，若眞愛醒亞，千萬別赴約。

一行三人成功地穿越日軍的警戒線，跋涉過三不管地帶之後，投靠太行山裏的國民政府軍。醒亞成爲一個抗日戰爭中奮勇殺敵的戰士，沒想到卻落在另一方敵人——共產黨軍隊的手中。在一次行軍中，他的部隊受到共軍襲擊而潰敗，醒亞也因此負傷，幸而是賀大哥冒險搭救，將醒亞安置在一處農家療傷。

年輕的醒亞和賀蒙仍想留在軍隊裏，然而賀大哥爲做長遠打算，推薦醒亞到重慶就讀政治系，賀蒙進入炮兵學校。賀大哥自己則爲了再受訓練，又一次潛入平津地區。

遠離悲慘的前線，重慶的大學生活頽廢而安逸。男學生們只知整日追求女學生，只有醒亞等少數學生在學業上孜孜矻矻，而在實彈射擊和田徑比賽中，醒亞亦表現了超群的成績，很快便成爲女孩子們的話題。

女學生中有一位公主般的人物，那就是四川軍閥鄭中將的獨生女兒鄭美莊。醒亞三年級時，她才入學，不愛唸書卻整天乘著最時髦的座車，穿著經由緬甸輸入的時裝，在校園裏晃盪招搖。使盡千方百計要獲得她芳心的男學生不計其數，可是全碰了釘子，因爲美莊很早便對從不將她放在眼裏的醒亞產生了好奇的喜愛。

占據醒亞全部心思的，只有留在天津的唐琪，除此之外，迫於經濟拮据，他每日的生活就在報社忙碌的工作裏度過。醒亞與美莊的關係，在美莊拜託他爲報告捉刀之後有了急遽的進展。美莊在一流的餐廳招待醒亞，又帶他到自己豪華氣派的家裡，然而醒亞對美莊那個嗜鴉片如命的軍閥父親卻覺得反感。

此時，大學校園裏正有共黨份子籌劃罷課的陰謀。醒亞向學生們演說自己的親身經驗，粉粹了共產黨的詭計。顏面盡失的共黨份子於是偷竊宿舍學生的財物，將罪行惡意推諉給醒亞，氣憤難言的醒亞很快病倒了。而不時來到狹窄骯髒的病房探視，給予他安慰與鼓勵的，只有美莊。美莊更以機智，成功地洗刷了醒亞的罪名。

醒亞在臥病期間聽說賀大哥遭日軍逮捕，命在旦夕；以及唐琪投靠了一名日軍顯要等等的消息。在悲傷、憤怒、喪氣之餘，醒亞終於與美莊訂下婚約。

一九四五年夏天，日軍已經全面投降。醒亞擔任平津地區的特派員，隻身飛往天津。醒亞受到季家溫暖的歡迎，卻不能像其他接收委員一樣歡欣鼓舞。他強壓下心頭的悲傷，埋首於新聞記者的工作。而後，當他得知賀大哥平安無事，而且賀大哥的性命還是唐琪以自己的身體換來的，他對唐琪的愛情遂比以往更加強烈了。

然而此時，美莊已經因爲思念醒亞，也跟著來到了天津。在醒亞正爲報社成立分社四處奔走之際，美莊與高家的女孩們沈溺在麻將桌上，再加上玩股票，以致負債累累。兩人在生活態度和金錢問題上口角不斷，美莊知道了醒亞與唐琪的秘密後，憤而回到重慶。

此時，國軍與共產黨軍隊正在滿州作殊死戰，賀蒙戰亡。唐琪加入賀大哥的組織，開始從事地下工作。醒亞昇任爲報社天津分社的社長，更當選爲市議會議員，以他的一筆之力對抗共產黨。然而，隨著國軍全面敗北，天津遂被共產黨軍隊包圍。

醒亞無視周圍的勸告，執意留在天津，最後除了飛機以外已經沒有退路，一張機票甚至已叫價十條黃金。這時，唐琪送來了一張機票。這張機票是她應允一個富人，到上海去作他細姨才得來的。

醒亞帶著哀傷，告別了親友，飛往上海。當他抵達南京的總社時，又聽說上海的情勢危急，必需經由廣東轉往台灣。醒亞因爲得知美莊的父親鄭中將在暗地裏與共軍有來往，愈發擔憂留在重慶的美莊，因此鼓起勇氣飛到重慶，不管美莊如何不情願，強行將她帶到了成都。在成都，醒亞讓美莊先登上飛機，自己則歷盡波折才搭上最後一班飛機，卻因爲事故在海南島墜落，他折斷了一條腿。

醒亞抵達台灣時，驚訝地發現除了美莊之外，賀大哥和堂兄夫婦也來了。醒亞自抵台後便不得不住院治療，美莊卻無法忍受這種平凡樸素的生活。她將帶來的二十條金塊當作資本，投資買賣，然而在很短的時間內便蝕盡了。美莊對失去一條腿的醒亞已然斷念，於是和原來在父親身邊的副官、現在已經是台灣一家貿易公司老闆的曹某結婚，搬到香港去定居了。

美莊離去後，便傳來了關於唐琪的好消息。據說唐琪經過長久的流浪之後，得到一位德國舊識的相助，到了香港，但在情理上必需爲那位德國人正在籌組的反共游擊隊救護站盡一份心力。唐琪承諾在工作完成之後，一定盡快飛到醒亞的身邊。若是如此，醒亞和唐琪永結連理的日子應該不遠了！

這便是近來在台灣大受歡迎的小說《藍與黑》的內容梗概。從書後的版權頁看來，此書於民國四十七年二月出版以來，至民國四十八年六月爲止，僅僅一年又四個月的時間，業已再版十次，合計售出三萬冊。定價新台幣三十元，折合日圓約僅二四〇日圓，但對每月平均收入只有五〇〇元的台灣人而言，已經不算便宜，它卻能夠創下銷售三萬冊的佳績，確實令人驚訝。三萬冊的銷售額在日本或許不算什麼，但試想台灣的文化水準與日本有一段差距，加上能閱讀北京話小說的人口有限（具體而言，大約是兩百萬的外省人與一小部分台灣人）等等因素，便可以知道這部小說受歡迎的程度遙遙領先在日本賣了三十萬冊的《挽歌》。

據聞作者王藍只四十歲出頭，卻已是《文壇》的社長、「幼獅文藝協會」、「青年寫作協會」的會長，在外省人於台灣形成的文壇裏扮演著重要的角色。由內頁的廣告裏得知，紅藍出版社在重慶時期即已存在，這位作者的其他著作尚有《美子的畫像》、《鬼城記》（短篇小說集），《聖女・戰馬・鎗》（長篇詩集），《銀町》（長篇小說），《太行山上》（報導文學）已刊行。遷台之後，雖有《師生之間》、《女友夏蓓》、《咬緊牙根的人》、《寫甚麼？怎麼寫？》等多篇作品發表，本書乃是其中最炙手可熱的一部。

是什麼使得這部小說炙手可熱呢？

作者於「後記」裏陳述了寫作這部小說的動機——「一個在墮落的境地裏卻依然竭力上進的女性，與一個生於優渥之家卻自甘墮落的女性。『藍』代表的是光明、自由、良善；『黑』代表墮落、沈淪、罪惡。……這個社會、這個時代裏，愛與黑暗也正在激烈地角力。一方是光明、自由、和平、向上、熱誠、希望、眞、善、美、愛；另一邊是黑暗、奴役、暴力、墮落、冷酷、破壞、僞、惡、醜、恨。我們若是期望愛能戰勝黑暗，必需奉獻出無數的心血與智慧、努力與犧牲。」

我猜想，作者或許唯恐《藍與黑》被人拿來與司湯達爾的《紅與黑》一同議論，才費力作了這些解釋；然而事實上根本沒有辯解或解釋這些「思想」的必要。筆者看了「後記」之後，閱讀小說的興趣大減，幸而小說本身比預期來得有趣，才鬆了一口氣。

這個社會、這個時代，不能如同小說那般被簡單地分割。一方善良、另一方邪惡，任誰都希望善良一定戰勝邪惡。但在現實世界裏，被當作是邪惡那一方的中共、美莊或牆頭草主義的高大爺等等反而是勝利者，而國府、主人翁張醒亞、唐琪、賀大哥等等善良的象徵，卻被逼退到台島、緬甸內地。不管作者在腦海裏如何使力，寫出來的東西卻不能罔顧現實。不容粉飾的現實方才是小說的生命力所在——作者是否瞭解這一層道理？

依筆者所見，主人翁張醒亞嘗盡的各種辛酸，是在台兩百萬外省人或多或少體驗過的，因此他們會對這部小說強烈地感同身受。至於台灣人這一方，或許台灣人對外省人的過去都有著強烈的好奇，因此將這本書當作一個樣版，想拿來看一看吧。

另外，在這部小說裏，除了張醒亞、賀大哥及唐琪以外，即便連美莊也都是相當令人同情的人物。且不論思想是左傾右傾，也別管過去如何，台灣人在人道上都應該溫暖地迎接他們，安撫他們內心的創傷。

但是，若他們拿國民政府作後盾，在台灣與台灣人作生存競爭，又以統治階級胡作非為的話，那又是另一回事了。他們的眼睛時常凝睇大陸，像戀慕愛人一樣地懷念失據的山河、失去的青春，台灣或者台灣人可能根本不在他們的眼裏。他們心裏想的，只有如何早日回到大陸，以及在這之前如何應付台灣人而已，這部小說正是如此的典型。故事的舞台轉移到台灣之後，在短短五十頁的描寫裏，一句話也沒提到台灣人。在台灣的外省作家群中，還沒有一部作品是以台灣或台灣人為主題的，都是自家人的獨角戲而已。學術界對台灣也缺乏興趣，政治上則更不必提了。

這麼看來，台灣歷史或台灣人自身的文學，畢竟還是只能由台灣人自己來寫。為此，大家都必須好好加把勁才行。

（刊於《台灣青年》第三期，一九六〇年八月）

（賴青松譯）

＊台北・紅藍出版社，一九五八年十二月初版。

決定台灣人命運的五項因素
——芭芭拉・渥德《改變世界的五個思想》*

本書的封面上寫道：「是什麼樣的政治思想推動著整個現代世界？再者，在這些思想的引導下，人類的未來將往何處去？」在意識型態嚴重對立的今日，這兩個問題應是所有現代人心中共同的疑問。

以一位第一線的政經評論家而於英國備受矚目的渥德，在本書中針對前述的問題，列舉了五種政治思想，一一剖析，最後並歸納出個人獨到的見解。

五種政治思想即：「從部族主義發展而成，至今仍統轄著阿拉伯的**民族主義**(Nationalism)。工業革命之後，成爲近代工業化推手的**產業主義**(Industrialism)。源自於弱肉強食的殖民政策，而由非洲歐洲人與歐洲俄人所執行的**殖民主義**(Colonialism)。如今已面臨重大轉捩點的**共產主義**(Communism)。還有超越民族主義，正逐步發展中的**世界主義**(Internationalism)。」

評論人對此書有如下的推崇之辭：「現代世界便是在這五種思想紛雜地交錯與衝突下，

逐漸變換著它的面貌。作者的洞見高卓，針對任何問題都有冷靜而高度的觀瞻。這是一本不管專家學者或關心現代世界政經動向的知識份子們都必須一讀的好書。」誠哉斯言，將此書綜覽之後，不得不感佩作者的識見不凡。

現代世界到處充斥著矛盾與衝突——大自美蘇兩陣營的對立，小處則有台灣人的立場分裂。姑且不論相異陣營之間的角力，即使相同陣營、同一國家、同一民族之間，亦時有對立和矛盾。在這些矛盾和對立背後，存在著的意識型態究竟為何？歷來的解釋是：社會主義和資本主義、民族主義和帝國主義水火不容，因此導致了如今的矛盾。這樣的解釋誠然清楚明瞭，卻也因為過於明白，使人覺得太單純和天眞。

此書的骨架是作者於一九五七年應迦納共和國恩古瑪首相之邀，在迦納一所大學授課的課程內容。「貫穿所有課程的一個主軸，便是即使存在著所謂自取滅亡的自由，人類的白由仍是不可避免的一條道路。所有的歷史都顯示，人類對人類的支配奴役必定引發反抗，個人或團體的權利必定戰勝壓迫。」恩古瑪首相的序言裏如此寫道，此話確實掌握了全書的精髓。與此同時，我們亦不得不想起迦納軍隊進入剛果時種種令人印象深刻的舉動，加上此次聯合國總會裏，迦納代表毫不讓步地表現出來的建國精神也深為世人所感動。另一方面，我們也不得不思索在美蘇兩集團的矛盾對立之間，立足於方寸之地的台灣——台灣人如何掙脫這些矛盾所帶來的苦悶？台灣人的出路在哪裏？本書的討論雖然抽象，對這些問題卻有十分重要的啓發。

現今年輕一代的台灣人對自己是否身爲中國人？抑或承認自己是中國人、但是不是一定要和中共聯合成一個民族國家這個問題上陷入進退維谷的困境。有一部分中國意識強烈的台灣人認中共爲祖國而心嚮往之，縱令犧牲自我也無所謂；但是另一方面，接受自由主義洗禮的台灣人又深知個人的自由與尊嚴才是無價之寶——這便是台灣人的苦悶所在。民族主義的基礎原本來自強烈的血緣意識，對血緣關係之外的人們，則不覺得有任何親密的聯繫(頁一四～一五)，然而，在如此的基礎上逐步形成的民族國家，若是過分強調「國家」的角色，便不可避免地要犧牲掉個人的權利。因此，革命在最初的階段，經常都將國家的公權與個人的私權視爲一個整體(頁二一～二二)。

以美國爲例，最初移民美國的人並非爲著「想成爲美國人」而去的，乃是爲追求「自由」。因此，美國政府初始並不算是一個民族主義者的政府，但卻在經過一百五十年之後，出現了所謂的「民族主義」(Nationalism)。共產國家蘇聯亦然：自一九二七年史達林的「一國社會主義」宣言以來，俄共極力鼓吹舊俄羅斯民族主義的愛國意識，而共產主義也如同昔日俄國皇室操弄的泛斯拉夫主義一般，逐漸變成蘇聯國家權利的工具(頁二四～二五)。這些歷史對爲追求自由而從大陸遷台的「台灣人」來說，不會是別人底事。

現代世界的民族主義最可怕之處，便在於它要求的忠誠對象過份狹隘。阿拉伯民族主義的發展成爲國際政治亂局的中心即是一個最佳例證。世界的和諧不應該因爲局部地區的私利而遭破壞，而且，若是盲目地排斥他國權益，完全被本國的野心和慾望蒙蔽了心眼，那才是最大的危機（頁三九～四二）。

現今，世界各地（無論國家或社會）都爲著產業發展的相關問題疲於奔命。先進國家必須竭力維持經濟安定和成長，開發中國家懸而未決的問題，則是如何使低迷的經濟啓動起來（頁四五）。

隨著工業革命，人類的生活已產生巨大的變化，然而，作者並不因此就贊同馬克思主義者所主張的經濟決定論。書中援引實例說明：政治條件和社會信念並非經濟條件改變的結果，相反地，經濟條件有時會是政治、社會環境的產物（頁五四～五七）。

從經濟學者的角度觀之，一個社會的儲蓄若達國家收入的十二～十五％，繼而轉入投資，靜態經濟便會朝向動態經濟移動。以蘇聯爲例，國民被迫克勤克儉的結果，甚至使這個百分比攀升到二〇～二五％——政府追求無限的超額儲蓄，最後可能逼使人民陷於絕境（頁五七～六三）。

工業化也未必都能點石成金。爲數不少的工廠是在錯誤的期待、錯誤的地點上興建而成（頁六六）。

以上或許是作者對迦納經濟建設的忠告，其批判卻正好揭露中共及國民黨政府的短處，聽來刺耳。

殖民主義——強勢集團企圖征服、接收弱勢集團的利慾，原也是人之天性。作者雖以「帝國主義」一詞等同於這一類的征服慾望，細究之下，還可以區分成三種類型。其一是有惠於被殖民者的結果。這種類型的必要條件是：(1)扮演征服者的民族必須比被征服民族擁有較進步的技術和文明。(2)在降服的過程裏，征服者的「餽贈」(技術、文化、政治、經濟生活、津貼等等)必須完全分配給被征服者。(3)征服產生新的融合。最佳例證是支那帝國、羅馬帝國、回教國家。第二種類型是征服者雖然帶來文明豐富的資產，卻不完全讓渡給被征服者，因此兩者之間產生不出新的融合。這可舉西班牙人征服拉丁美洲爲例。大多數的「征服」都屬於此種類型。第三種則只有掠奪與破壞，例如亞述和蒙古帝國。除此之外，尚有某方面是破壞、某方面則構築強大文明社會的類型，此類型係因征服者的文明與被征服者的社會組織之間存在過大過深的差距之故。例如英人殖民澳洲、日本人與愛奴族、美國人與印地安人等等(頁七八～八七)。依作者的分類，日本對台灣的殖民政策應屬於第一種類型；至於台灣人對高砂族的征服，應當算是第四種類型了。

共產主義者動輒攻詰美帝國主義，相較之下，作者毋寧更重視匈牙利事件中所凸顯的(蘇聯在東歐的)帝國主義(頁一〇五～一〇七)。

一個思想的產生，必定是在特定的時空條件下被人創造出來的——以馬克思爲例，這個條件就是產業主義剛發達時的數十年。然而，思想的模型一旦確立，就成了不必然與現實關聯的自由之物，以自體存在，並且較催生它的時空條件存活得更長久。共產主義的一個基本概念，便是認爲一個思想的產生有其社會環境與經濟因素，然而嘲諷的是共產主義扭轉、改造社會經濟的能力，史上無別的思想體系能出其右（頁一一七）。

社會主義者總是喜歡標榜自己的手法遠高於共產主義，而且同樣能達到預期的結果，這使共產主義對其產生一種無比的反感。雙方之間的鬥爭至今仍方興未艾，因此，所謂的「修正主義」——強調達到社會主義社會的道路不止一條，其也有和平進行的手段——遂被指責爲社會主義者的犯罪，齊德便是其中的典型。對於至今仍高唱純粹馬克思主義的莫斯科與北京而言，不同的聲音仍舊是無法容忍的禁忌」（頁一二六）。

共產主義的魅力——如果撇開少數知識份子追尋新眞理的情形不論——尙不在於其辯證法或形而上學的內涵，而是快速地爲落後國家解除了緊迫的近代化危機。共產主義的確提供了一個快速累積產業資本的範本，特別是對於貧窮的國家，帶來了累積貯蓄所必要的動力與規範。同時還公開承諾，這個努力的成果最終將依「各人所需」進行分配，而今這個承諾似乎還看不到兌現的跡象。（頁一三九）

作者對共產主義的嚴厲批判尤其値得台灣人參考。

最後，作者特別強調美蘇兩陣營之外的中立國必須扮演重要角色，並且提出避戰的具體建議：沿著美蘇陣營的分界線設立廣大的中立地帶，由國際聯合部隊監守，並杜絕核武。如此或許能夠成爲漸進式避戰措施的第一階段，減低邊界上擦槍走火的危險（頁一六四）。

然而，無論是中立主義或隔岸觀火謀取漁翁之利的「翹翹板遊戲」，皆有不可否認的潛在危機。眞正的自保作法除了維持中立、不協助集團的任何一方之外，尙應調停減低兩集團的衝突，逐步達成訂立和約的最終目的。這才是作者所推崇的積極中立主義，瑞典在這方面可爲模範（頁一七〇）。

作者認爲，被馬克思當作資產階級無聊宣傳櫥窗的社會正義、慈悲心乃至於基督徒的同情心，其實才是自由精神的絕佳體現。（頁一七七）

＊本書原文為"Five Ideas that Change the world" by Barbara Ward. Published by W.W. Norton & Co., Inc., New York.　日譯本《世界を變える五つ思想》，鮎川信夫譯，荒地出版社，一九六〇年九月出版。

（刊於《台灣青年》第五期，一九六〇年十二月）

（賴青松譯）

同情與理解的距離

——尾崎秀樹《近代文學的傷痕》*

作者與台灣因緣深厚

作者尾崎秀樹氏「昭和三年（一九二八年）十一月廿九日生於台北，台北醫專輟學。現任現代中國學會會員、日本文學協會會員。主要著作有《與魯迅對話》《佐爾格事件》」（引自該書內頁）。如果要向台灣讀者介紹的話，還可以加上「祖父醉心於平田（篤胤）的國學，父尾崎秀眞結交最早經營台灣的詩文之友，兄尾崎秀實大戰期間被扣上『國賊』之名，自己則是戰敗期間的台灣軍兵」（引自該書二一九頁、橋川文三〈叛逆的尾崎秀樹〉），可謂出身不凡。除此之外，他才華洋溢，能夠立刻擄獲他人的熱情，加上搜集涉獵資料的努力，使他成爲日本最被看好的年輕文藝評論家，成就指日可待。

日本知名人士之中，與台灣有過因緣的人非常多，但他們大部分只屬於「這麼說來，我也待過台灣」的程度，少部分則是「那時眞令人懷念」，沈醉在懷舊的情緒裏，極少有人從正義、人道的嚴正立場，思索日本人在台灣的種種作爲，甚至更進一步關懷台灣人的命運。尾崎氏在本書中注入了其父、其兄、甚至他自己都從未有過的對台灣的深切關懷，從文學的專業領域批判台灣的過去與現在，並提出建言。如此一本書，必能使台灣人深蒙其惠，正因爲如此，尾崎氏是台灣人眞正的朋友。

細心詳盡的解說

本書由「關於大東亞文學者大會」、「大東亞共同宣言與兩部作品」、「決戰下的台灣文學」、「有關台灣文學的備忘錄」、「殖民地文學的傷痕」五篇構成，各篇都是前年以來發表在專業期刊上的論文，如今收錄成書，相當方便。特別是後三篇直接論及台灣文學，探觸台灣人的苦悶，發人深省。

尾崎氏預設本書的讀者是從事文學研究的日本學者。爲了讓一般對台灣文學感到陌生的讀者有所瞭解，尾崎氏不厭其煩在詳述台灣文學的脈絡和作家的背景後，方才開始文學批判。這些細心的說明使此書極具參考價值。尾崎氏身在日本，卻能夠蒐集到如此豐富的資料，令人佩服。至於對台灣文學的批判，尾崎氏在評論界算是第一人，因此他的批評頗具份量，極有可能就此成爲台灣文學的定論。這一點雖然令人憂心，但尾崎氏畢竟將被忽視的台灣文學與被埋沒的台灣作家端上了日本的舞台，打上聚光燈，讓它再次受到注目。這份功勞，台灣人感激不盡。

台灣文學史的觀點

筆者有幸身在日本做一個享有言論自由的台灣研究學者。雖然資料不足，但因爲懂得台語，使筆者可以從另一個不同於尾崎氏的觀點考察台灣文學。筆者對日本時代台灣文學史的一點淺見，曾發表於一九五九年《日本中國學會報》第十一集刊載的〈文學革命對台灣的影響〉，當時的史觀至今不變，從這個史觀來看，不禁要對尾崎氏的論述提出幾點質疑。

尾崎氏是如何看待台灣文學史的呢？書中第一〇一頁提到：「台灣文學的短暫歷史之中，橫梗著長達五十年的日本殖民統治時代，因此它的發展與中國文學或日本文學都有其相當不同的變異。」

換言之，尾崎氏似乎將清朝之前以迄現在的國府時代視爲一個相連的歷史，在這之間橫插著一段日本時代；而日本時代的文學拜殖民統治所賜，產生了迥異的發展——這種理解方式值得商榷。

國府時代與清代

確切地說，進入國府時代以後，根本沒有所謂的台灣文學。更嚴謹的說法是，自從一九四七年的二二八反抗事件失敗之後，台灣文學可以說是被完全消滅了。台灣的確來了一個寫《女兵自傳》的謝冰瑩，還有發表《藍與黑》嶄露頭角的王藍，甚至也有像「中國文藝協會」、「青年寫作協會」這一類文壇味十足的團體。但是，這些只適合稱為中國難民的「偏安文學」，不但無意培育台灣作家，台灣作家們亦甚少參與其中。

另外一個明顯的例子是清代。就筆者所知，清代並無談論台灣文學的文章，勉強要找出一個算數的作品或作家，恐怕是徒勞無功。倒有一篇論文值得注意，那就是尾崎氏的尊父——尾崎秀真所撰寫的。昭和六年(一九三一年)三月，「台灣文化三百年紀念會」發行的《續台灣文化史說》〈清代的台灣文化〉一文中，開頭部分這樣寫道：

「歸言之，清代二五〇年間的台灣文化可謂極度貧弱。極端地說，清代的台灣幾乎到了沒有文化的地步。」(該書頁九四)

尾崎秀真恐怕是顧慮到台灣大衆的感受，特意把話題拐了個彎。筆者十分贊同他的看法。理由十分簡單：當時的台灣也不過是封建中國底下一個悲慘的殖民地而已。

尾崎氏在此也認同日本領台當時的台灣人泰半處於無教育的文盲狀態，有的僅僅是一小部分讀書人吟詠花鳥風月的詩詞，或是幾篇悲嘆清廷割台的文章。有人或許將它們也稱作台灣文學，但依筆者所見，前者不過是填詞的文字遊戲，後者倒是稱作「政論文章」比較恰當。

歌仔戲的精神

然而，出乎兩位尾崎氏、甚至許多台灣人料想之外的，筆者對於清代的所知雖然粗淺，卻要倡言清代的確已存有所謂的「台灣文學」。因爲民間早已有了廣爲流傳、觀賞的「歌仔」。「歌仔」是以漢字寫成的台語七言或五言韻文，每齣約由三百到四百句串連而成，內容有「山伯英台」、「陳三五娘」等戀愛敘事詞、所謂「相褒歌」的情歌，以及稱作「相格歌」的對口相聲，或詼諧或悲傷，有笑有淚，已足可稱爲民間文學（請參考王育德「台灣話講座——歌仔冊的故事」）。

由於「歌仔」的語言是鄙俗的台語，發表的形式又是以表演爲主，因此始終受到讀書人的輕蔑，無法獲得長足的發展。「歌仔」的語言雖然是台語，畢竟是以漢字寫成，大字不識的民衆當然不可能搖身一變成爲作家，不過可以確定，庶民們必定間接地參與了創造的過程。「歌仔」一直到中日戰爭爆發，總督府開始取締漢文出版品之前，不但在民間廣傳，並且大受歡迎。

在此，容筆者岔題談談戰後的情況。戰後以迄二二八事件發生前的一年半期間，（廣義的）台灣文學的主體乃是戲劇。在台北有簡國賢、宋非我的〈壁〉、〈羅漢赴會〉，在台南有筆者一連串的作品〈新生之朝〉、〈偷走兵〉、〈幻影〉、〈鄉愁〉、〈青年之路〉。當時上演的新劇，在很大程度上曾激起民衆對革命的高昂情緒，至今猶歷歷在目（有關當時的戲劇活動，詳參〈台灣光復後的話劇運動〉一文）。

可資憑證的戲劇現今多已佚失，殊爲可惜。在此更讓人切身感受到台語表記的困難。因爲當時忌諱使用日語，在主觀或客觀上，中文也都不能成功流通，在此情況下，戲劇提供了比文學更有實效的功能。

附帶一提，台灣自二二八事件之後，強制使用中文的手段益發劇烈，年輕一代的台灣人如今大約都具備了相當程度的中文能力。然而，台灣人的中文和中國人的中文尚有很大的差距，並且台灣社會還有日本時代不能望其項背的思想箝制和言論壓迫。如此，遭中國人嘲爲「文化沙漠」的台灣，怎麼可能存在所謂的台灣文學呢？

是變異還是正常？

因此，筆者認爲，日本時代的台灣文學必須以尾崎氏的座標軸和這兩個時代做一比較考察。相對之下，日本時代的台灣文學有比較廣泛的民衆基礎，包含著豐富的表現形式，並且以反帝反封建的強大信念相互串連。從以上諸點看來，日本時代的台灣文學豈只是一則「變異的發展」，更絕對是一個偉大的發展。筆者是否過於天眞，以至於在此老王賣瓜了呢？希望讀者能夠率直肯定：構成文學等藝術活動下層結構的政治面，有台灣人民對日本殖民政府長達五十一年的抗爭，這都是值得向世界誇耀的（《日本統治下的台灣民族運動史》此一鉅著的向山寬夫博士持這樣的觀點）。

尾崎氏接著論道：「而他們的『近代』，乃是做爲統治階級的日本強加的語言教育（奴化政策）下所累積的成果。他們若要在文學範疇使用母語，在磨鍊文筆之前，還必須先抵抗日本的語言政策才行。」（頁一〇一）

「奴化政策」一詞令人不悅，但事實上台灣的近代化的確是日本強加的。也因此，台灣的近代化較之中國更早半個世紀（筆者大致以為中國的近代化始於中共政權成立以後，自然不是執著於「半個世紀」的說法）。現在的台灣人已無暇去省視，因日本的殖民統治而比中國早半個世紀現代化一事到底是幸抑或不幸，在這個歷史命運的分歧點上，是不可能重來一次了。一般人或許抱持著把台灣當成「被搶走的東西物歸原主不是好事嗎？」這類的想法，然而，人類的社會結構絕非單純的無機物，是什麼樣的人在掌理台灣？以什麼樣的方式掌理？一旦如第三者所願移交到別人之手，今後又將受到什麼樣的待遇？只要稍微回顧過往的歷史，其理自明。

台灣人的母語

尾崎氏所謂（台灣人）的「母語」，擺盪在台語和中國話（北京話）之間。在單一民族、語言、文化圈的幸運日本人看來，或許會單純地以爲台灣人也是中國人、台語也算中國話，然而台語和中國話實在有嚴格區分的必要。台語和中國話的差異，比起英語和德語的差異有過之而無不及（詳參日本言語學會報《言語研究》第三十九號刊載的王育德〈中國五大方言之分裂年代的言語年代學試探〉）。對台灣人來說，母語就是台語，中國話和日語都算外國語言，唯中國話和台語屬於同一個語系，所以比較容易學習而已。除此之外，更重要的是「台語只在日常會話中發展，做爲一個書寫的語言還不夠成熟」。這一點恐怕很難讓日本人或美國人理解，然而這正是解開日本時代台灣文學發展之謎的關鍵。

日常語與書寫語

缺乏書寫形式的台語，在日語和中文的強壓下，雖然遭受極大的創傷，畢竟還有一絲活氣，蓄勢待發。台灣人從事文學活動時，自然會使用台語表達：清朝時展現的形式爲「歌仔」；二二八以前展現的形式是戲劇。在今日的農村裏，「歌仔戲」（台灣戲劇）依然與日本電影、洋片、中國電影競爭。戲劇在日本時代的文藝活動裏也占了極大部分，不可小覷。當時歸台留學生所推動的「新劇運動」，承繼了「築地小劇場」的風格，影響所及，「布袋戲」（傀儡戲）等等所謂的「改良戲」，在新劇運動的濡染之下，也大受歡迎。

但隨著台灣人生活品質和知識水準的提高，有意開拓歌仔、戲劇以外的文學新領域——詩歌、小說時，隨即面臨要把尚未建立表記方式的台語做爲成熟書寫體的問題，吃盡了苦頭。今日的評論者若能理解台灣文學上的這層困難，相信在省視日本時代的台灣文學史時，會有全然不同的分期概念和評價。

中國白話文也行不通

日本時代，日本一流的漢詩人蜂擁進入台灣，在兒玉（源太郎）、後藤（新平）的庇護之下，與清末的讀書人酬酢唱詩，報紙上也大肆宣傳，但筆者認爲意義不大。這些讀書人後來被大正中期誕生的新一代有改革思想的知識份子批評爲「無病呻吟」，被抨擊得體無完膚，終而銷聲匿跡。這可說是台灣文學邁向現代化的一次蛻變。

新一代的知識份子否定了舊讀書人玩弄的漢詩，又將以什麼做爲文學的表達形式呢？在中國文學革命的影響下，知識份子也曾嘗試引進中國白話文。引進中國白話文最不遺餘力的，自然首推留學中國的黃呈聰、黃朝琴等人（或許有人穿針引線），這也許値得記上一筆。另一方面，留日派則默默地鑽研日語。在這個時期，有賴懶雲、張我軍兩位優秀的作家和詩人。筆者未曾拜讀過這兩位的作品，不敢妄下評論，但從手邊李獻璋編的《台灣民間文學集》（台灣新文學社，昭和十一年六月發行）看來，朱鋒、守愚、黃石輝、夜潮、懶雲、毓文、王詩琅等執筆的中國白話體「故事篇」似乎稱不上是什麼佳作。那是一種不像北京話也不像台語的奇異文體，終究無法得到民衆廣泛的支持。甚至更早之前，在引進這一波中國白話文的知識份子之間，即已產生了某種程度的困惑。在此節錄一段昭和七年（一九三二年）一月創刊的《南音》第一卷第二期刊載的負人〈台灣話文雜駁(二)〉一文，即可一目瞭然。

廖漢臣：「《伍人報》、《洪水》、《明日》等雜誌，幾乎都使用中國白話文，創刊初期讀者不過數百名，幾期之後迅速獲得了二千名大衆的支持。從這個事實來看，中國白話文或多或少可以治癒我們台灣人的文盲病。」

負　人：「我承認它有某種程度的功能。但毋寧說是，這個理論之被大衆所接受，和是不是中國白話文沒有關係，它並沒有比易懂的文言文容易理解。」

廖漢臣：「從理論來說，現在的台灣應該用台語寫詩或小說創作。」

負　人：「不僅是理論，實際上更應如此做，因爲對台灣人而言，沒有比台語這種語言形式更容易理解的了。」

廖漢臣：「理想的台灣語文是讓台灣人淺顯易懂，同時也得讓中國人看懂，必須促進台灣人與中國人交流。」

負　人：「光是讓台灣人看懂還不夠，還必須能夠書寫，應該用文字把大衆的語言如實地表達出來，排除翻譯其間的辛勞與困難。」

表記方式的論戰

鄉土文學論戰的契機，肇始於昭和二年（一九二七年）鄭坤五編輯的相褒歌選輯《台灣國風》（仿詩經體裁）。此書鼓舞了台灣民眾的愛鄉心，隨之而起的論爭，重點不是文學，乃在討論台語的表記應該使用漢字還是羅馬字。主張漢字論的代表人物是郭秋生，羅馬字論的代表人物是蔡培火。郭氏主張：「我們台灣的白話文確實受到北京話的影響，即便白話文可以替代文言文，仍不可取代台語。」

「所謂的台灣語文是把台語文字化，但不能放棄長久以來，祖先們所使用的、固有的漢字。」

然而，台語若要以漢字表記，必將遭遇各種困難。百分之二十以上的台語語彙無法馬上找到與之對應的漢字；即使找出可以適切對應的漢字，還必須區分該字的文言音、白話音、訓讀三種讀法（詳參〈台灣話講座——文言音與白話音與訓讀〉）。

另一方面，蔡培火主張：「二十四個羅馬字如同有了二十四個天兵相助，有了羅馬字，不識字的人只須學習一個月就能看懂報紙。」

羅馬字確實會是表記台語的有效手段——關於這一點，尾崎氏似乎有所誤解（頁二〇三）。但使用羅馬字有一層障礙，便是民眾對基督教的偏見。另外，如同中共的拉丁化文字曾經遭遇過的難題一樣，還必須考慮到和羅馬字相比之下，民衆可能比較傾向於接受無法分割的方塊字。

正當論爭尙無定論之際，日語已所向披靡地在台灣全島推行開來。日語不是赤手空拳在台灣打天下，它的背後伴隨著強勢的現代化產物。「汽車」、「公共汽車」、「包租」、「合作社」、「理事長」、「自來水」、「消防組」、「郵票」、「匯兌」、sùsi'à（壽司）、thianpùlà（天婦羅）、thathamí（榻榻米）、thabí（布襪子）、phóngphùa（幫浦）等，都是台灣人未曾體驗過的事物。中國遺棄了台灣之後，現實中的台灣又因人爲的因素與中國隔絕。台灣人是否眞能抗拒包含日語在內的日本現代化成就？抗拒是不是明智的作法？莫若盡早學好日語，以此爲利器反擊，才是最有效的抵抗——年輕一輩的台灣人們必定是這麼想的（頁一八九～一九一）。台灣作家拙劣的日語，是語言學習過程難免的缺失，況且台灣人學習日語是將它當成書寫的文字，自然而然地以此進行文藝活動。二次大戰爆發後，熱病般的空氣籠罩台灣、朝鮮殖民地及日本本國時，台灣作家中也出現了謳歌「聖戰」的作品，但誰有資格對它批判呢？基於此，筆者對「關於大東亞文學大會」一章更覺有趣。

台灣人的祖國

接下來，筆者不得不在此談談尾崎氏提到的台灣獨立運動的部分。

「處於被統治的台灣人，在『與天皇的子民一視同仁』的同化政策下，潛藏著一種喪失祖國與痴傻化的現象。接下來的蔣政權延續日本的高壓統治，不再解放台灣，企盼回歸中國，開始出現『台灣人的台灣』的傾向。此兩種傾向，一個是統治者日本的問題，另一個雖是被統治者台灣的問題，但都不可忽略目前的國際政治中，導致日本政府『兩個中國觀』與台灣獨立運動這樣歪曲形貌的心理性前提。」（頁二〇三）

不可否認，日本的同化政策或多或少影響了台灣人。然而相較於日本在數年的美軍托管期間進行了多大程度的美國化，台灣接受長達半個世紀的日本殖民統治卻鮮少日本化的情形，也算是歷史上的一大奇蹟了。但不管是否有「潛在」的影響，要說有「一種喪失祖國的現象」也太過於刻板、公式化了。筆者始終主張台灣人的祖國除了台灣以外無他，遺憾的是，至今沒有受到重視。正巧尾崎氏在書中介紹了濱田隼雄的《南方移民村》（頁一四六～一四九）這部報導式的小說，筆者便以這部小說為題材，在此做間接的佐證。從前筆者在台北讀到這部小說時，對日本人大費周章只為了來到台灣一事頗不以為然，如今在書摘上又重讀一次，已經有了不同的感受。二十世紀（大正四年、一九一五年）時，日本農民在（日本）政府的支持下進入台東地區作集團墾殖，僅僅是開墾幾十甲的土地，就必須投注不知多少的血汗。與他們相比，台灣先民則是遠在四百年前一面受到統治者壓迫，一面獨力開拓出一片台灣土地。所謂「吃苦耐勞、達觀」，用來形容台灣人是再恰當不過了。對這樣的台灣人來說，祖國豈能存在於本土之外？台灣人不僅受到日本的壓制，大概是統治者垮台之後，找不到回歸的對象，「朝向台灣人的台灣」也是自然且當然的趨勢吧。

無論「潛在」與否，筆者都不認爲台灣有所謂「痴傻化的現象」。「馴良像鴿子，靈巧像蛇」乃是被統治者的特性。從歷史的教訓可知，吸收外國文化的同時，雖然對民族有所裨益，必然也會帶來侵害。

日本政府十分聰明（或說是懦弱？）地觀察美國的臉色，琢磨出「兩個中國」的方針，對此，筆者不予置評。但是「台灣獨立運動歪曲的形象」云云，在上述的種種因由下，實在難叫台灣人心服。

不能以台語書寫的原因

日本時代的台灣文學，乃至台灣人目前的各種出版品皆不以台語書寫的原因，絕非是台灣人背叛了「祖國」，或因醉心於外國而自甘墮落。一如筆者反複強調的，台語做爲一個書寫的語言還不夠成熟，所以更別說用以乘載新思想或涵蓋新表達方式了。

中國五大方言（北京話、蘇州話、福建話、廣東話、客家話）之一的福建話在台灣流通，而後漸漸轉變成了台語。五大方言中，除了標準北京話之外，沒有一種方言成熟到可以做書寫語言，然而非但沒聽過使用這些方言的中國人曾因缺乏書寫語言而困擾，更不曾見到對方言文學有過積極的嘗試，大抵是認爲交給北京話就成了。只在台灣才有對台語問題的討論。產生討論的背景乃是台灣擁有獨自的文化圈，隨著知識水準的提升，從事文藝活動的意願也提高了。

北京話的問題

再看看北京話。北京話發展成爲一個書寫語言之前，歷經唐宋時代，有一千多年的時間。即使如此，北京話尚稱不完備，那是漢字本身的癌症體質所致。有文字之國著稱的中國始終存在許多文盲，這是何等悲哀！發明注音符號的苦心、拉丁化運動的消長、簡體字的跋扈，都是根源於漢字不易理解、效能太低，導致問題不斷。尤其是從現代化往原子能時代邁進的今日，表意文字的漢字已經產生力有未逮之感。魯迅早已一語道破漢字的窮途末路：「漢字不亡，中國已亡。」

台語也是漢語的一支，因此將它視爲漢字語言來看，有共同的致命傷。漢字不易理解、效能太低的警惕，只因台灣的現代化早中國一步而成爲中國的前輩。大正末期起，台灣的知識份子乾脆使用日語，徹底切除了台語的癌細胞。我但願尾崎氏也能在這個層面上再做考量。

改善台語的體質

展望未來，台灣人無論如何必須從現在就開始改善台語的體質。獨立之後，高昂的民族主義必然會把台語訂定爲通用語言，此時表記的方法無疑將成爲重大問題。接下來，就是如何在現代化社會中找到相應的表現。若不能盡速找出這兩個問題的合理解決之道，語言的混亂將難以收拾。因爲在此之前，混雜著以日語、北京話、英語或以兩種語言以上做第二母語的各世代、生活環境各異的台灣人，其所呈現的必是複雜的語言形態。尾崎氏的書促使我想到了這一點。

（刊於《台灣青年》第八期，一九六一年六月）

（賴青松譯）

＊《近代文學の傷痕》尾崎秀樹，普通社，昭和三十八年二月發行。

在「文化沙漠」上綻放的花蕊

——呂訴上《台灣電影戲劇史》*

就任何層面而言，這都是一部值得紀念的著作。

裝訂（評者所見為精裝本）格外地簡潔灑脫，反映出作者獨到的審美品味。不過印刷稍嫌拙劣，這應諉過於台灣水準不足的印刷技術。六百多幀寶貴的照片和插圖印刷不清，平白使此書失色不少。

卷頭安插著「蔣總統」的照片，而後是十四位政府高官的序文和照片綿延展開，但大多是一些應景的客套話。作者的自序本來應是值得細讀的菁華，孰料此書的自序只有寥寥數語，而後羅列了百餘位成書有功的人名，隨即戛然而止，實在乏味。

再看卷末的「著者簡歷表」，卻又是洋洋灑灑一大篇。作者除擔任過日本時代「台灣演劇協會囑託」、戰後初期「高雄市、台北市、台中市等警察局科員、督察，台中縣警察局所長、分局長」，光目前擁有的頭銜大約就高達三十三項：「中國國民黨台灣省黨部文化工作隊編導委員」、「國防部總政治部康樂總隊戲劇顧問」、「中國青年反共救國團總團部編審」、「中國民俗學會民俗藝術蒐集組長」、「中國文藝協會理事」、「銀華影業社長」等等。

由此可見，作者深諳中國式社會的處世之道。即令是在「文化沙漠」的台灣，也能取得較多的機會一展所長，給人一種「亂世文化人」的印象。

作者一九一五年七月生於彰化。由於生長在台灣歌仔戲團先驅者「賽牡丹倶樂團」團主呂深圳家中，自幼便對戲劇產生了興趣。中學時已開始替父親的劇團寫腳本，中學畢業後從事巡迴電影的放映事業，自己還當起了無聲電影的解說員，而後又組織劇團到中國表演營生。接著在東京進入日大藝術科、早大政經科，得到坪內士行、井上正夫、水谷八重子等新派戲劇人士的指導。回到台灣後依然投入戲劇運動，二二八事件之後也持續戲劇工作至今，可以算得上是一位戲痴了。

戲痴呂訴上是台灣的驕傲。他稱得上是台灣的菊田一夫、久保田萬太郎或河竹繁俊，其所收藏的資料之豐富媲美早大（早稻田大學）戲劇博物館。據說在中國大陸的變局中，僅得身免的京劇和新戲工作者，見到他的收藏都要驚嘆不已。即令是蔣政權，也不得不尊敬他的見聞和閱歷吧。也正因爲如此，爲他帶來了多達三十五項的名銜。

翻閱了近六百頁的大著後，可以體會到這的確是一部有趣而有益的好書。但此時台灣人迫於恐怖統治和經濟凋敝，時時都生活得提心吊膽，早已喪失了創造自身文化的自信，令人懷疑此書是否能對最重要的台灣讀者發揮影響力。然而，作者明知環境如此艱難，依然堅持將此書付梓，使人要對呂訴上氏的勇氣和熱情致上敬意，因此要介紹並評論這部作品，可不是一件簡單的工作。

在此先瀏覽目次，以瞭解這部作品的輪廓。

以其中較受歡迎的電影部門而言，最重大的現象或許便是台語電影的製作。當時筆者曾諮詢台灣的留學生或訪台的遊客，每每不得要領。這些事都在書中有詳細的介紹。其實呂訴上本人就是導演之一。

台語電影初試啼聲的第一部作品，是一九五六年一月成功影業社製作的《薛平貴與王寶釧》。自此而後，同年之內便有廿一部台灣電影製作上映，日本電影因此受到莫大的重創。

一九五七年共製作三十八部，一九五八年一年之內更製作了七十六部，是爲台語電影的最高峰。一九五九年有三十五部，一九六〇年二十三部，到了一九六一年上半年則僅剩八部。

台語電影的觀眾多是中下階層的中老年男女。電影內容大抵從歷來的傳說故事改編而成，描寫現時社會的作品並不多，演員也多由歌仔戲或新戲表演者跨刀。一部電影的製作費用頂多三十五萬元，由此可以想見台灣電影的品質如何了。

再從另外的觀點觀察台語電影的歷史。一九五六年在台北市上映的電影中，美國片共二八六部，歐洲及其他外國影片共八十四部，日片四十四部，北京話的影片有八十一部，廈門話（香港製片）影片四十三部，台語影片共九部。至於每部影片的收益，台語片大約十八萬餘元，占第一位；日片大約十五萬餘元，第二位；北京話的影片七萬餘元，第三位。最慘澹的要算歐洲及其他國家的影片，只有四萬餘元。

台語電影的製作歷史其實並非到了戰後才開始。一九三七年的《望春風》是戰前推出的最後一部台語片，在此之前製作過的電影不知凡幾。

台語電影也不乏優秀的人才。如：主演莫斯科公演入選作品《漁光曲》的男演員羅朋（南投人），在中國拍過《保家鄉》、《東亞之光》、《氣壯山河》、《血濺櫻花》，戰後返台拍過《花蓮港》的何非光（台中人），以及拍攝過《白馬將軍》、《林沖夜奔》、《李師師》等片的名導演張天賜（台北人），製作過胡蝶主演的《永遠的微笑》，後遭人暗殺的劉燦波（新營人）……不勝枚舉。

閱讀呂訴上〈台語片的我見〉，可以感覺到戰後的台語電影相當粗糙低俗，根本稱不上是電影藝術，與戰前的水準也相差甚遠。爲什麼會產生這樣的退步？呂訴上並未多作說明。（我對這本書的一項不滿就是只有事實羅列，對文化不作絲毫批判。然而一想到作者畢竟是身處高壓思想箝制下的台灣，也就沒什麼好奇怪的了。）筆者的想法是，電影藝術乃是綻放在一國文化的頂點之上，如果文化水準過於低下，無論如何也開不出美麗的花朵。但另一種情形是，電影若有國家資助保護、有政府作強力後盾的話，還是可以有相當的成績。美國、日本、法國、義大利、英國等先進國家的電影是第一種情形，印度、埃及、泰國、墨西哥等國則是第二種情形。台灣應該適用第二種情形，不料卻被政府（＝國民黨）完全地遺棄、甚至歧視。

其次是台灣固有的戲劇，那自然非歌仔戲莫屬了。據呂訴上的敘述，歌仔戲是漳州「錦歌」、「採茶」、「車鼓」等地方戲劇傳到台灣後融合發展而成，在這裏也可以看出台灣的特色。有趣的是，歌仔戲後來更回流大陸，福建的「薌劇」就是在其影響之下誕生的。

歌仔戲最初是街頭藝人的型式，直接在路面上演出，後來大受歡迎，也就發展出劇團，進入劇場表演。然而隨著台灣人對歌仔戲的愛好與時俱增，統治者對它的壓迫和限制也更強悍，日本時代如此，今天亦若是。無可諱言地，歌仔戲是有頹廢、守舊的傾向，然而呂訴上體察上意製作出來的《女匪幹》、《延平王復國》、《鑑湖女俠》是否就如呂訴上自己所言，爲歌仔戲開創了新面目呢？

台灣戲劇史將日本時代與蔣政權時代截然劃分。日本時代的台灣戲劇，除了最後數年由於戰時的嚴厲管制而陷於窒息狀態，大致上都能夠自由地發表，因此得見各式各樣的戲劇開花結果。隨後的蔣政權時代，戲劇只在戰後到二二八之前的一年半裏體驗到「文藝復興」的快活。這段時間裏，台灣各地有新劇上演，新劇大膽取材自嚴苛的社會現狀，使觀衆從心底產生共鳴。與看歌仔戲時的漫不經心相比，劇場確將演員與觀衆都溶入同樣的情緒裏。能夠與這個時期打動人心的戲劇創作相提並論的，大概只有昭和初期文化協會的啓蒙劇差可比擬。所謂的「台灣新劇發展史」，總結來說就是這兩個時期的歷史。

二二八事件在文化層面上也扼殺了台灣人的生命。台灣人想必深刻地感受到，既無政治上的自由，新鮮活潑的戲劇創作更屬緣木求魚。另一方面，中國人看準台灣人聽不懂也不會說北京話，自是相當輕蔑，也不可能創作以台灣人爲對象的戲劇。抱著不知何時會被趕出台灣的不安，要他們在這樣的心理壓力下熱情擁抱戲劇，委實強人所難。在這些因素之下，現在的台灣可說是人爲的、死寂的「文化沙漠」。本書乃是「文化沙漠」之中綻放的花朶，值得珍惜。只要台灣還存在著呂訴上這樣的人，「文藝復興」應該就在不遠的未來。

（刊於《台灣青年》第十四期，一九六二年一月）

（賴青松譯）

*日本映畫技術協會，山本書店。

一部劃時代的大作

——史明《台灣人四百年史》*

由具備明確台灣人意識的台灣人，爲台灣人寫下屬於台灣人的歷史，本書應該算是有史以來的第一遭。同時以初次嘗試的標準來看，本書確實達到了一定的水準。或許有讀者會質疑，連雅堂寫的《台灣通史》難道不算是台灣人的歷史作品嗎？然而連雅堂是否在充分的台灣人意識的基礎上寫下這部《台灣通史》，至今仍值得存疑。無論從他本人的經歷，乃至於他兒子連震東徹底的「半山」作風，讓人不難想見其本身台灣人意識的程度。

有少部分台僑對本書發行的動機與努力至表敬佩之餘，卻誤認本書必然是台灣青年社與日籍學者合作的成果，造成外界不必要的謠傳與誤解，這不但是對台灣人自身能力的藐視，同時也是對青年社過度的抬愛。一如本書內頁的「著者簡歷」所介紹，作者史明乃是「一九一七年出生於台北，早稻田大學政經學院畢業，曾經於上海、蘇州及北京等地從事報紙發行的工作，戰後抵日從事貿易維生」的一名眞正台灣人。根據作者本人表示，從蒐集資料到執筆、付梓爲止，總共耗費了四年時間。從本書的Ａ５版本、厚達六五〇頁的驚人規模來看，作者此言當屬不虛。當絕大多數台僑正爲了賺錢而疲於奔命，少數台獨運動者在運動的領域中無力地空轉時，誰能想到竟有如此一位台灣人，甘願花費如此漫長的歲月，一步一腳印地向這個最根本的問題挑戰，而今世人終於看到他努力的成果，這份執著的精神著實令人感佩。

不過較令人遺憾的是，在使讀者通盤理解台灣人四百年史的這個目的上，本書的內容似乎仍有稍嫌不足之處。然而亦有許多人光是看到本書的厚度，就急著打退堂鼓，根本連翻開的機會也沒有，這一點不知作者是否知悉。以筆者個人的觀點來看，這也是本書最大的缺點，對於一般人而言，這本書的內容可說過於縝密，然而對內行人而言卻又失之簡陋。簡單地說，普通讀者容易因爲本書過於紮實的份量而望之生怯，可是相反地，歷史專家卻又會因爲內容過於龐雜而揮袖興嘆。因此筆者以爲本書應該採取更簡潔扼要的編排方式，讓一般讀者更容易親近，才不枉費作者的一番苦心。

就全書而言，作者對台灣人的歷史究竟採取何種理解的角度，可說是本書最重要的關鍵所在。「台灣人之間，現在多習慣以蕃薯仔互稱彼此。在台灣人接受這個屬於全體的共同稱謂之前，島上的台灣人曾經擁有共同對抗外來統治者的經驗，另一方面，台灣人之間也同樣經歷過一場又一場的內部鬥爭與傾軋的慘痛歷史。而身爲蕃薯仔的共同體感受，事實上正是在這種內外兩面的壓力交相脅迫之下，第一次獲得屬於台灣人全體共有的場域。」（二二二頁）

這段文字是「分類械鬥」篇首的一段說明，也是作者眺望四百年來台灣人的腳步時的角度，其與筆者心中長久以來對台灣歷史的感受，實有不謀而合之妙。如今有幸見到自己模糊的概念被鉛字清楚地呈現出來，那種心中莫名的感動，實非筆墨所能形容。

書中所蒐羅的台灣史資料相當豐富，而且分門別類整理細密，尤其在日本時代之前的史料，筆者認爲已接近完整的地步。唯一美中不足的是，其中幾乎沒有以台灣人觀點寫就的資料，可說所有文獻都完成於統治者或第三者之手，因此都不可避免地擁有某種特定的政治意圖。所以當台灣人有意撰寫自身的歷史時，亦無可避免地必須使用這些史料。而如何善用這些僅有的材料，便成了撰史者最主要的課題。唯有將四百年來，無聲無息地澆灌在這塊土地上的台灣人的血汗，重新完整地呈現出來，台灣人自身治史的意義也才能夠凸顯出來。如果從這個角度來評判的話，本書的成績大約只有七十分左右。畢竟在閱讀的過程中，讀者並不容易察覺台灣人這個民族在歷史長河中崛起與誕生的來龍去脈。至於引自其他著作的有關台灣政治變遷經過的論述，與作者自身對台灣民族形成原因之創見中，似乎有種銜接不上的扞格之感，畢竟要成功地消化、組織如此龐大的資料實非易事，但作者在此確有未竟全功之憾。

無論撰寫何種論文，缺乏足夠的資料絕難下手，然而當資料的種類與數量過於龐雜時，如何有效地加以消化與重組，則又是另外一個大問題。在面對資料過多的問題時，通常應先從史料的可信度分類開始，此時也考驗作者本身是否具備敏銳的觀察力。一一比較區分之下，可得出一等、次等及三等資料的結果，最理想的狀態當然是以一等資料爲優先參考，當史料不足時再採用次等資料，非不得已的時候，才考慮使用三等文獻材料。而作者下筆時的態度，也應隨著引用史料的可信度，進行適度的調整。作者在參考史料的選用上，表現出過於輕率的態度，這也是本書的另一項敗筆。

舉幾個簡單的例子來說，沈瑩在《臨海水土志》中所提到的夷州，從其描述的內容看來，應該是台灣沒錯，這一點自從市村瓚次郎博士發表考據詳實的論文之後，幾乎已成爲學界的定論，但是作者卻在書中表示：「縱令當時彼等所見確爲台灣，頂多只是從航行中的船隻上遠望所得，抑或是遭遇暴風雨的落海船員，無意中漂流到台灣西海岸時所留下的印象罷了！」這種說法顯然過於武斷。當然懷疑任何資料的可信度，確爲論者應有的科學精神，但是在缺乏有力的反證之下，遵循學界現有的定論應爲基本的常理。或許作者對現代中國人動不動就主張台灣自古即屬中國勢力範圍，存在著異常的反感也未可知，因此對於吳國的沈瑩所留下的客觀記述，也抱持著過度的懷疑態度。然而在日本社會中，對此問題鑽研頗深者亦不在少數，如果因此造成彼等對全書內容的不信任，反倒是得不償失的做法。

還有作者在書中提到，荷蘭時代的土地制度爲「皇田」，而鄭氏時期則爲「王田」（一七九頁），筆者不知其論述根據從何而來，至少筆者是第一次聽到這種說法。按照可靠的史實記載，荷蘭時代採行的應為「王田制」，而鄭氏時代採取的則是「官田制」。

在探討台灣人的歷史時，有幾個絕對不可忽略的重點。首先是鄭氏統治時代的評價，其次是台灣民主國的評價，以及二二八事件前後台灣人的變化等等。這些都是當時住在台灣的人（這裏要特別注意的是，並非等同於台灣人）與外來的侵略勢力展開肉搏衝突的時代。對這些鬥爭究竟賦予什麼樣的意義，可說是關係重大。現今在部分獨立運動者之間，已經產生一個統一的觀點，那就是鄭成功＝台灣人的第一次獨立，民主國＝台灣人的第二次獨立，二二八之後＝第三次獨立。絕大多數的台灣人其實沒有批判這種論調的能力，因為他們根本對台灣的歷史一無所知。因此治史者有必要提供他們反擊與駁斥所需的知識，這也是史家無可擺脫的責任。

本書有關鄭氏時代的介紹似有失之簡略之虞（一〇八～一二六頁）。「鄭氏對於墾殖農民與屯田的兵士，提出愈來愈形嚴苛的要求，最後導致民心離反，未待清軍來攻，便已落得自取滅亡的窘境。」（一二五頁）筆者對於這段敘述頗感興味，然而書中對此卻未見多做介紹，徒然留下讀者心中的一連串問號。

至於台灣民主國的部分，作者又是以什麼樣的角度加以評價呢？「一如所見，台灣民主國從誕生到隕歿，可謂短命至極，雖未能將全體同胞的命運帶向一個較好的方向，但卻是有史以來，第一次明言『台灣獨立』立場的政權，從這一點來看，已經為其取得難以磨滅的歷史地位。」(三六九頁)筆者認為本書應對民主國為何短命?而且其出現的本質為何?多加著墨為是，而且作者所謂的「較好的方向」，究竟意指何方，也是筆者相當有興趣的問題。

在本書結論的部分，作者明白指出台灣人應成立屬於自己的獨立國家，而且對於發行《亡命政府》及《台灣青年》等刊物之組織，以及美國的UFI等獨立運動團體都有所介紹(六一九頁)，但是對於二二八事件之後，台灣人海外獨立運動開展的必然性，卻沒有隻字片語的論述。筆者以為，在四百年的歷史過程中，這部分才稱得上是台灣人用自己的雙手，積極且有意識地試圖創造自己歷史的階段，也是值得向全世界人類宣揚自豪的時期，不知為何作者卻獨漏這個部分未談。

不過話說回來，針對大正末年到昭和初年之間，台灣民族運動失敗的經驗，作者確實提出了極具說服力的觀察結果:「的確，無論在哪一個時代，只要提到台灣民族運動，第一個必須弄清楚的是實際存在的台灣・台灣人，與抽象的民族概念之間的關係。從血緣及文化特質上來說，不可否認地，台灣人確實包含於中國大陸的漢民族之內，這也是台灣人與中國人在民族關係上的牽連，但是我們不要忘了，在台灣與中國隔絕的地理條件之下，經歷過一段獨特的歷史發展之後，台灣・台灣人正式誕生在這個世界上，在日本統治的那段時期，台灣早已超越中國大陸的血緣及文化條件的束縛，成長為存在於不同次元的異質社會，這是鐵一般無可爭論的事實。因此縱使有人以血緣、文化為觀點，提出『身為中國・中國人一部分的台灣・台灣人』，這也只能說是某種特定的『角度』，而非現實中存在的『台灣・台灣人』。因此在論及台灣人的民族運動時，這裏的『民族』絕非與大陸血緣、文化共通的那種抽象式的『民族』概念，而必須是現實中存在的台灣社會與台灣人。換言之，台灣民族運動眞正須要釐清的對象，應該是現實中的『台灣・台灣人』本身。而大正末年到昭和初年的民族運動，卻對這個最關鍵的問題核心無法掌握，連當時核心的運動領導者也將台灣・台灣人與虛幻的民族概念混爲一談，將時間消耗在無謂的政治操作之中。這可說是當時民族運動的最大盲點所在。」（四一九～四二〇頁）

儘管筆者在「民族」的定義上與本書作者有所不同，但是不可否認地，這一段是本書中論述最爲精采之處，如果能用這種方式貫串全書的話，相信能有更傑出的表現才對。

雖然本書仍有不少值得改進的缺點，但是綜觀而論，本書的出版，確實是台灣人在獨立建國過程中值得大書特書的一大成果，筆者在此亦衷心地祝賀本書的出版順利成功。

（刊於《台灣青年》第二十一期）

（賴青松譯）

＊音羽書房發行，一九六二年七月十五日。

台灣獨立運動史上的一個斷篇

——黃昭堂《台灣民主國的研究》*

本書是作者於一九六八年三月向東京大學提出的學位論文。黃氏以此獲得了社會學博士學位。

一聽到學位論文，恐怕不少人會望之卻步。然而這部著作的標題本身即讓人興味盎然，並且文字敘述也如作者不假修飾的性格一般，平實而自然，因此讀來順暢無礙。筆者在炎夏的午後收到這本著作，當日夜裡就讀完了。

筆者於一九六四年一月出版的《台灣—苦悶的歷史》，介紹了台灣歷史的梗概，可說是這個領域的開路先鋒，然而記述過於簡略，內容資料也不夠完備，不免多有誤謬。

我原本只圖藉此拋磚引玉，吸引更多年輕人投入台灣史的研究，對台灣各時期的歷史有更深入的探掘，以提升研究的水準。

黃氏的研究動機是否和拙著有直接關係？筆者沒來得及向黃氏探詢。無論如何，在拙著僅占十一頁份量的「台灣民主國」，在本書中成爲A5規格、二五一頁的巨著，並且旁徵博引，以極縝密而宏觀的視角，成功地呈現這一段台灣史上的重要時期。這也是筆者欣見的成果。

此外，黃氏的這份研究，是他帶著一家四口站在獨立運動的第一線上，一邊獻身台獨運動，一邊寫成的。光是這些努力，更值得敬佩了。

四百年的台灣歷史上，以「國」自稱的時期只有這「台灣民主國」。在此意義之下，獨立運動人士對這個時期自然有一種莫名的孺慕之情。筆者發願寫台灣歷史時，便將「台灣民主國」一段設爲僅次於二二八的著眼點（此事的原委，尚請參見拙著增修改訂版中收錄的〈我如何寫「台灣」一文〉）。

筆者於拙著中力陳的觀點是：所謂的「台灣民主國」，乃是唐景崧以下的清國官吏及丘逢甲等仕紳策劃而成，與台灣民衆的期望未必有關。另外，決策者與日軍且戰且走式的抗戰，相對於一般台灣民衆與日軍執拗的殊死戰，有本質上的差別，務必要分開來予以評價。

不同於筆者直覺式的論斷，此書乃是經過細密考證之後所得的結論，因此最引起筆者關切的，便是黃氏的論文在這一點上作何解釋了。

黃氏在序文中如此描述：

總而言之，一部分與在台清吏關係匪淺的台灣上層階級——特別是仕紳——將前者強制留在台灣，而形成「台灣民主國」這一個看似相互合作的型式，它並不是在廣泛的民衆基礎上建立起來的。

台灣民主國大致上採取共和制，然而制度上卻相當粗糙。自稱爲「民主國」，但只有一部分的台灣仕紳爲其奧援，不能算是一個「主權在民」的民主國家。

台灣雖有完整的軍備，但實際與日軍執拗纏鬥的，並非在台清軍，而是一般民衆的地方組織。各地的地方組織在日軍侵入之後，幾乎是自然反射一般地群起抵禦，然而組織本身泰半只是不成規模的小集團。

台灣民主國與武力抗日並無必然的連帶關係。民衆的武力抵抗更多是基於傳統上對日本人的蔑視、對日軍登陸之後種種行徑的反感而起，未必來自民主國政府的指揮……。

黃氏的觀點與拙見相符，筆者閱畢鬆了一口氣。

當然仍不免有一些可爭議的部分。以台灣民主國的發起人爲例，筆者採納伊能嘉矩氏的觀點，支持「陳季同說」。但可資佐證的文獻資料闕如，「要找出一個確切的人物相當困難」（頁一三〇）。

有關採行「共和制」的經緯，筆者的解釋是：「如若僭稱『帝』或『王』，恐怕會對北京的滿清皇帝造成不敬，只能自稱『總統』。另一方面，在台灣立國，勢必要取得移民集團中有力人士的合作，因此又設置了類似議會的機關，加以籠絡。」(拙著頁一〇一)這樣的解釋看來未必妥當。或許將之視爲唐景崧在日暮途窮下孤注一擲的作法，會更切實(參見頁一五二)。

最使吾人感動的，莫過於「台灣民主國」的策劃者相繼逃往大陸後，台灣民衆驚天地泣鬼神的抵抗事蹟。黃氏在「第四章　各地的抗日運動」、「第七章　抗日運動的主要勢力」兩個部分，徵引日本、中國方面的資料，對此有若干記述，但難免仍有不足之憾。這也是黃氏的無奈，台灣方面幾乎未保留半點資料，這才是最大的遺憾。

儘管在如此模糊的歷史之中，吾人仍依稀看得見出身苗栗銅鑼灣的仕紳吳湯興(戰亡於彰化八卦山)、出身頭份的徐驤(戰亡於嘉義)、出身北埔的姜紹祖(與吳同時戰亡)不屈不撓的抗爭，他們最後壯烈的失敗實令後人切齒扼腕(或許在末段還可稍提北白川宮能久親王被台灣人砍下首級一事)。

台灣民主國終歸只是台灣人四百年歷史上的曇花一現。台灣人不可能對它還抱有任何的幻想。

值得一提的是，藉著台灣民主國成立的契機，台灣西部平原從南到北聯貫結成一個戰場，超越個人的出身或宗族，打一場全民有份的戰爭，因而首度催生出台灣人的民族意識。這一點在歷史上具有重大的意義。

對於投身獨立運動的黃氏來說，傾全力撰寫這一份學位論文，不僅僅在於重新省視歷史的「原點」，更是基於爲自己、爲獨立運動尋找定位點的信念。這份氣概，相信能透過此書深深傳達到每一位讀者的心底。

＊東京大學出版會，一九七〇年。

（刊於《台灣青年》第一一七期）

（賴青松譯）

「中國人的台灣化」與「台灣人的中國化」

——鈴木明《沒人寫過的台灣》

勇氣十足的報導力作

「沒人寫過」！這個書名雖然有些誇張，但是對向來無視台灣存在的日本媒體而言，鈴木氏企圖加以反抗，並且如實傳達台灣現況的用心，的確值得讚揚。至於企劃與出版本書的產經新聞出版局，其勇氣也不得不讓人欽佩。

蔣政權旗下之一的御用宣傳刊物——《中華週報》，立刻將本書列爲推薦好書之一，其態度之積極本無甚可奇，重要的是，我們必須在自己獨立的立場下，保持對此書給予適當評價的肚量。

對許多日本的左傾人士來說，台灣只不過是一個在風雨中飄搖的小島，隨時都有可能被中華人民共和國解放，因此本書對他們無疑將帶來莫大的衝擊。至於對那些將台灣想像成「男人天堂」的買春客來說，這本書也許有點掃興了。

鈴木氏曾於《文藝春秋》三月號（一九七四年三月發行）上，發表一篇名爲〈「殘存的皇軍」在台灣〉的文章（這是一篇結構嚴謹的好評論），筆者更期待的是，以鈴木氏的努力，應能夠發揮拋磚引玉的作用，帶動日本大眾傳播界對台灣重新正視的風氣。

鈴木氏在「後序」中提到：「在這本報導文字中，筆者從未使用任何參考文獻，也沒有所謂『考證』、『展望』或『引用資料』，更沒有政府要員的『信念』。」（二四二頁）如果這些都是事實，那它究竟是不是一個報導作家應有的態度，頗令人懷疑。

根據已故作家大宅壯一的說法，在他採訪一地之前，便已經擬好了大致的架構。畢竟大宅氏的文章並非一般報社的「約稿」，而是大宅氏已進行詳細的行前調查，又得到一定程度的認知之後，才整裝前往當地進行實地採訪，既是如此，相信大家都能瞭解其用心之深。

話說回來，只要稍有經驗的旅行者，大都會採取類似的做法，這說是理所當然亦不爲過。然而鈴木氏之所以甘冒此一大不諱，刻意標榜這種做法，目的應在於強調其文章的客觀性，並與一般御用傳聲筒或馬前卒之輩蓄意劃清界線，才用這種反諷式的說辭。不過就筆者個人的淺見，既然要針對特定主題發表看法，事前進行基本的調查與研究仍是應愼重其事的必要表現。

若干瑕疵

全書最大的瑕疵，應在於二二八事件的部分。或許是作者對謝雪紅過份著迷之故？譬如說——「如果這次行動『成功』的話，也許台灣比中共更早一步建立『人民共和國』也說不定。不過對於向來厭惡共產黨的台灣人民而言，這難免充滿著錯綜複雜的情緒。」（五五頁）這段文字似乎有些太過離譜，其觀點的偏頗，實在讓人無法視而不見。

首先，謝雪紅絕非二二八事件的最高領導者，她只能說是中部地區武裝部隊的指揮者。整個事件基本上是以台北市爲中心，向全島各地蔓延開來，因此民衆對台北市的領導者也隱然有一種號召全台的期待。簡單地說，曾經向政府具體提出「三十二項要求」，同時直接與陳儀進行談判的王添灯，其形象自然而然符合民衆的這種期待。

毫無疑問地，謝雪紅的確是一個共產主義者，但她更是台灣民族主義者。因此她與王添灯、陳炘及陳篡地等各地的領導者都曾取得聯繫。在這些領導者之間，光是爲了武力對決或和平交涉等種種戰術上的討論，便花費了許多寶貴的時間，結果反而爲敵所趁，落得兵敗如山倒的下場。另一方面，縱使台灣當時果眞取得獨立的機會，究竟會建立什麼樣的國家，也還在未定之天。

在一般台灣人民的心目中，謝雪紅的確在中部一帶立下了漂亮的汗馬功勞，但是她並未取得最後的勝利，建立所謂的「人民共和國」，令人遺憾的是，在事件失敗之後，她反倒投身中國，將希望放在中國共產黨身上，後來又因失望而開始批評中共政權，最後終於導致慘遭肅清的悲慘命運——這一點與鈴木氏所謂的「突如其來的命運」實有出入。

在「旅遊書刊上看不到的台灣史」(四六～五五頁)這個章節中，雖然僅有短短的十頁，鈴木氏確實對台灣的歷史做了一個平實且概略的介紹。在這僅有的十頁之中，光是二二八事件便佔了三頁，看來作者對此一事件重要性的認知，應該不在話下，只不過在介紹謝雪紅時，竟然用「被毛澤東鏟除的『台灣之星』」為標題，無論是標題或內文，都令人有抓不到重點的感覺。

舉個最明顯的例子——「事到如今，只能單純從官方所發表的正式記錄—『死亡人數三百九十八名，負傷者二千一百三十一名』中，來推想事件當時的實況，此外似乎別無他途。」(五四頁)從這種過度粗糙的描述，實在令人難以相信曾經以謹慎的實地採訪與細密的推理寫下《虛幻的南京大屠殺》一書，粉碎了本田勝一一面倒式的吹噓報導，並贏得大宅壯一賞的作者，與本文作者竟然是同一個人。

另外還有一項明顯的錯誤，在此亦順道一提。在介紹蔣經國的篇章中(二〇〇頁)，作者曾經提到著名的「湖口事件」，與事實有頗大的出入。

每日新聞社前台北特派員若菜正義曾著有《明日的台灣》(新國民出版社，昭和四十八年三月發行）一書，對於戰後台灣的政治改革有詳細的記載。根據該書的說法，當蔣緯國由裝甲兵團司令轉任參謀大學校長之際，原先的副司令覬覦此一司令職位已久，不料卻爲外來的空降部隊捷足先登，心中積怨難消之下，竟然鼓動部下對蔣介石進行謂的「兵諫」，結果卻爲政工人員所逮捕，最終以槍斃收場（同書二七三頁）。由此可知，此一事件既非鈴木氏所稱的台灣「二二六事件」，跟台灣人也沒有直接的關聯。

除此之外，內文中尚散見若干小瑕疵，不過就整體而言，應屬可容忍的程度。

蔣政權轉進逃亡到台灣來，轉眼間已過了二十五年，就目前台灣的形勢而論，儘管蔣政權仍堅持自己代表「正統中國」，然而在客觀的事實上，卻是一個與中國採取對抗態勢的獨立國家——台灣的新生，在這個國度的各個不同領域之中，兩股複雜交錯的潮流正如火如荼同時進行著，那就是「中國人的台灣化」與「台灣人的中國化」。這種看法尚稱公允。

此外鈴木氏還提到——「回想自己過往撰寫報導文章的經驗，像台灣這樣須要字字句句細細斟酌，而且常常不知該如何下筆的情況，可說舉世罕見。」（一五頁）這應該是他在得出前述結論之前，最直接與坦率的感受吧！

還有，鈴木氏在封面所陳述的一段話——「將自己親眼所見、親耳所聞，毫不掩飾地如實表現出來的作品」，這段話不僅博得筆者的好感，同時也足以供作日後的參考。

其實在書中所提到的諸多現象，對我們來說並非首次聽聞，從台灣的報章雜誌或是返台旅行者的口中，我們都曾經聽過類似的話題，只不過那都僅止於一時的談話材料，抑或片段的資訊，若非鈴木氏費心加以爬梳，整理出一路的發展與脈絡，旁人實難以瞭解其間的關聯與原委，這一點確實值得敬佩，而且這也引發讀者許多新的聯想與興趣。

例如「拿下世界第一的『台南巨人軍』」（一三一～四五頁）及「鰻魚狂想曲」（一六七～一八〇頁）這兩個章節，確實描寫得活靈活現，連亡命日本多年的筆者也不由得深受感動。

每當台灣的少棒隊到美國比賽時，台獨聯盟美國本部的同志必然大舉驅車前往，同時在場邊揮動聯盟的大旗，對其加油打氣。有時甚至還因此與中國人組成的啦啦隊爆發衝突事件，這些對筆者來說都是耳熟能詳的往事。（有興趣的讀者可參閱《台灣青年》一四五期，一九七二年十一月發行）

還有，不知為何，從兩、三年前開始，日本的鰻魚飯和鰻魚套餐價格就一直居高不下，讓人望之卻步，最近這個趨勢才開始減緩，鰻魚甚至有淪為打壞市場行情的先鋒軍之勢，原來背後原因在於台灣輸入了大量養殖鰻魚，筆者曾經兩次聽到鰻魚店老闆的抱怨，才知道這個消息。

至於「男性天堂的背後」（一四八～一五九頁）以及「日本人做出來的故鄉味——北投溫泉」（一

六〇～一六六頁）這兩個篇章，恐怕是有史以來第一次揭露日本觀光客在風化區的暴發戶醜態。

作者還在文中提到——「其實在風化區工作的台灣女性，跟其他國家相較起來，絕對不算多。」這種說法不免讓人覺得有些失之淺薄。畢竟台灣並不像歐美或日本那麼開放，在性道德方面也較外國來得嚴謹，在這種情況下，居然還有這麼多女性不得不拋頭露面，投入風化產業，其背後的社會、經濟結構問題，筆者以爲確有深入討論的必要。

對語言問題的深度關心

本書對於語言的問題多所著墨，這一點筆者至表激賞。

看來鈴木氏對於台語跟中國語之間的差異，的確有深入的瞭解。「不少人都有這種誤解，以爲：『台語也是中國語的一種，就算有所差異，也沒什麼大不了！』事實上，其差異可能遠在英語及德語之上，無論發音、聲調乃至捲舌的方式，即使連我這個外國人，也能清楚分辨出彼此的不同。」（七三頁）

或許鈴木氏是以直覺來判斷，台語跟中國語之間的差異遠超過「英語及德語」。其實，筆者曾經就此一命題進行過學術上的探究，並發表一篇名爲〈中國五大方言的分裂年代之語言年代學初探〉（《言語研究》三十八期，日本言語學會，昭和三十五年發行）的報告，結果發現北京話和廈門話之間的異同數值更低於英語和德語之別（即兩者之關係更為疏遠）。

此外在「收視率百分之九十九！『台灣版・水戶黃門』」（七一～九九頁）中，作者亦提到：「在此必須特別強調的是，台灣的廣播媒體還存在一個『語言的問題』。前面我們曾經說明，台灣除了『台語』（正式場合稱之為『閩南語』，顧名思義即為福建省南部的地方語言，統治者企圖藉由這種稱謂，宣示『台灣是中國的一部分』）、『國語』——也就是北京話之外，還有使用人數較少的『客家話』，以及『高砂族』（『高砂族』乃日本人所使用的稱謂，目前在台灣已改稱山胞）所使用的各種語言。

可是如果各族群語言都平均分配媒體時間的話，恐怕將流於曠時費神之弊，因此除了少數地區的廣播電台開放以客家語播音之外，原則上廣播電視多限定以『國語』及『台語』發音。台灣政府在電視台開播之際便已用『自行規範』之名，要求電視台接受『閩南語節目的播放總時數，不得超過全體百分之三十』的要求。因此直到前幾年為止，在電視節目表上，在『台語節目』的部分，一定會標示『閩南語時間』的字樣。不消說，各電視台的重點節目或新聞，全部都是『國語』發音，而黃金時段的節目，大約百分之九十以上都是北京話發音的連續劇。」（八二頁）

這確實是極爲敏銳的觀察結果。爲何中國政府與蔣政權這兩個死對頭都異口同聲將台灣人的母語「台灣話」稱之爲「閩南語」，硬是不願承認台灣話的存在呢？這一點鈴木氏已經替我們找出了答案。

有些人或許會認爲，兩者在本質上原是大同小異，何必在稱呼上斤斤計較呢？但是這種看法顯然過於天眞，讓台灣人誤認自己的母語爲閩南語，目的只在於破壞台灣人的精神層面，這一點我們絕對不可或忘。

正因爲我們識破對方這種用心，所以刻意在用語上一一釐清，以「中國話」代替所謂的「國語」，以「中國人」及「台灣人」取代「外省人」及「本省人」的稱謂。（有興趣的讀者可參考拙文〈由劉明電探討中華人民共和國裔台灣人之意識結構〉中有關用語問題的部分）

其實著名的瑞士語言學家Charles Bally早已說過：「語言者，乃對話者試圖將自身之思想，如實加諸於他人身上之武器也。」（《語言活動與生活》，岩波文庫，三九頁，日語版譯者為小林英夫）這段話一語道破語言的奧秘，也因此，從島內到海外，許多台灣人爲此進行一波又一波的激烈鬥爭。

「中國人的台灣化」與「台灣人的中國化」

鈴木氏也在另一段裏，如此描述他個人的觀察心得。

「在此必須特別澄清，以免造成讀者誤解，如今在年輕人之間，幾乎已不存在『外省、本省』的意識對立心態，反倒是許多在台灣出生、在台灣長大、聽得懂台語的『外省第二代』大量出現，這些人實際上已經變成所謂的『台灣人』。

反過來說，戰後在台灣出生的台灣人其實也變成了『中國人』。對他們而言，與其選擇台灣在地的『短暫貧瘠』的傳統，倒不如直接認同『中國』四千年悠久的歷史，還更能增添自身的榮耀，就這個層面來看，兩者之間在意識上的差距可說幾近於不存在。

雖然許多中年的『外省、本省』族群之間，連基本的語言溝通也有困難，但是不少年輕的外省人亦能操持台語，還有在都市裏，許多台灣人也開始習慣以北京話交談。」(一一三～一一四頁)

對於鈴木氏的文字表現方式，筆者心中有些許無法認同之處，但是對於他企圖傳達的觀點，身為台灣人實有虛心接受的必要。事實上，在若菜氏所著《明日的台灣》中，亦曾見到旨趣相若的看法——「不可否認地，戰後至今已經超過二十年，或許正如俗諺所云：『時間是最好的療傷劑。』筆者覺得，『二二八事件』的痛苦回憶，似乎在這個社會中已逐漸淡去。國民政府在社會保障、福利政策方面也大力推動，似乎有意消弭本省與外省族群之間的對立。雖然目前還未出現十分顯著的成果，不過有些過去曾經嚴厲批判政府的人士，最近也開始改變說法，改口說道：『我們同樣都是炎黃子孫。』或：『問題並不在於政府或國民黨，而是在於那些貪官污吏！』

在雙方的通婚問題上，近來外省籍女性嫁入本省家庭的例子似有增加的趨勢。此外在年輕學子之間，除了本省人必須學習中國話之外，外省人也逐漸懂得台灣話，兩者之間因語言不同所造成的隔閡，似乎有漸漸消解的現象。此外，原本對於土地、房屋等興趣缺缺的外省族群，最近也開始有購置不動產的傾向。」（一八七～一八八頁）

這段文字可說是「中國人的台灣化」與「台灣人的中國化」在語言及生活方面的具體描述。不少最近到台灣旅行的友人也表示：「台灣改變了！」或許指的就是這方面的變化吧！

無論如何，這也是我們必須正視的現實問題。

奮戰不懈的台灣話

至於「中國人的台灣化」和「台灣人的中國化」兩者之間，何者較強、何者較弱，目前似乎難有定論。

如果把問題簡化到極點來看，倘若「台灣人的中國化」傾向較強，將來台灣難免走上「兩個中國」的道路，如此一來，難保有一天「兩個中國」不會變成「一個中國」，基於此一不確定的潛在危機，這種傾向絕非台灣人民之福，有必要傾全力加以阻止。

因此我們目前所推動的啓蒙宣傳活動，其重要目的之一就是阻止這種現象發生，這也是極其正確的做法，無奈受限於聯盟本身力量過於微薄，至今仍未能發揮顯著的功效。

畢竟目前權力掌握在敵人手中，彼等得依其實際所需，調整棒子與胡蘿蔔的兩手策略，在島內進行一貫的中華思想教育，而島內的台灣人對此僅能採取消極的抵抗，別無他法。然而絕對不能忘記的是，台灣人還有一項天賦的絕佳武器——台語。或許絕大多數的台灣人都未曾意識到這一點，然而台語確是每個台灣人與生俱來的絕佳武器，不僅可用來保衛僅存的台灣魂，更可在適當場合給任何中國人突如其來的一擊。或許每次的攻擊不見得立刻奏效，但是長久累積下來，必將造成對方難以癒合的創傷。

台語之所以能夠成為銳利的傷敵武器，簡而言之，即在於島上人口佔絕對多數的台灣人。而且這些台灣人無論在知識水準、經濟能力或政治能力上，都絕不遜於中國人，憑藉著台語使用的能力，台灣人確實有能力改變出自掌權者一方的單向同化力量，同時對這群失去後援的殖民者徹底進行「中國人的台灣化」運動。

舉個大家耳熟能詳的例子，鈴木氏在書中對此亦大加介紹，亦即一九七〇年三月「台灣電視台」(TTV)所播出，由黃俊雄所導演的布袋戲，竟然造成「學生逃學，農夫廢耕，公務員怠職」的空前盛況，連報章雜誌都對此嘖嘖稱奇，其原因正如鈴木氏所強調的「『閩南語』發音儼然成為創造熱門節目的絕對前提」(八七頁)。由此亦可見到台灣話在強力打壓下至今仍奮戰不懈的身影。

鈴木氏另外還提到：「七、八年前，一個剛二十歲出頭、南部出身的年輕小伙子——謝雷，被人發掘到台北來唱歌，當時他唱的便是『苦酒滿杯』。這是第一首由台灣人作曲、台灣人演唱，在台灣掀起狂賣風潮的第一首值得紀念的代表作，因此『苦酒滿杯』這個歌名不禁令人感到別具意義。這首歌在台灣創下了有史以來的佳績，到目前為止總計銷售超過三十萬片以上，如果以日本的人口比例來換算的話，總計銷售量已突破兩百萬片，可說是空前未有的暢銷鉅作。」（一〇八頁）在這裏也能看出台灣話不畏強權打壓的精神。

只不過「苦酒滿杯」這個曲名似乎有讓人難以排解的孤單與寂寞。光看歌名，就不禁讓人聯想起失戀的悲悽之情。早從戰前以來，台灣的流行歌曲便不外乎是「雨夜花」、「三線路」，或是「桃花泣血記」之類的寂寞悲歌，筆者以為這絕非個人的問題，原因在於台灣人這個民族長久以來一直處於失戀的狀態。

殷盼台灣文學的早日出世

鈴木氏在書中表達對吳濁流與邱永漢的失望之情後，接著又寫下如下的看法——「台灣絕對沒有日本或美國一般的『言論自由』。……但縱使在沒有自由的社會裏，還是存在著許多藝術表現的空間，如果這個前提是否定的話，那麼在『戰前』的日本根本不可能出現優秀的文學作品。」（一三五頁）「台灣人似乎無法舉出一項足以自傲的文學作品，難道是因為台灣人向來便對遊離於日常生活之外的智識階層文學或高級的藝術表現毫不關心嗎？或者台灣人所遭受到的打壓與控制，遠超過筆者所能想像的程度，以至於難以擺脫。」（一三六頁）

這的確是無比沉重的批判！面對如此直率與嚴厲的批評，任何台灣人都應該引以爲恥。鈴木氏還提到：「縱使所謂的台灣文學原本並不存在，但是難道沒有任何值得一讀的作品嗎？」這種說法更令人掩面自慚，無言以對。其實這絕非文學本身的問題，而是台灣人的人生觀問題——是一道直指台灣民族價值體系的難題，同時也是考驗台灣人是否稱得上文明民族的挑戰。

我們經常將島內未曾爆發革命的原因，歸咎於蔣政權無孔不入的監控與打壓，然而話說回來，直接的政治行動或許如此，但是文學活動畢竟與政治行動不同，它可以針對各種多樣化的主題進行發揮，以巧妙的技巧迴避當權者的打壓，而且，成功的作品同樣能發揮莫大的政治效果。索忍尼辛也許是一個難以仿效的特例，但是一則引人入勝的珠玉短篇，絕對抵得上十人的敢死隊，而一篇撼人心弦的長篇小說，更能發揮千名以上游擊隊員的力量。以台灣人優異的知識水準而言，應該早已察覺到這點才對。

然而較之蔣政權的全面打壓，更讓人擔心的是，台灣人之間似乎已開始瀰漫一種權力崇拜與金錢追逐之風，這種惡質的風氣，將嚴重阻礙台灣人精神層面文化活動的開展，其影響更甚於極權統治之惡。

但我們絕不可因此而喪志！自有史以來，無論在任何國家，都是決心爲理想奉獻的少數人高舉著精神層次的文化大旗，與俗世芸芸衆生展開從未間斷的對抗與拉鋸，而足以撼動世人心靈、推翻強權統治的傑作，無一不是在這種狀況下誕生的。

單就文學領域而言，台灣人最早使用的是古漢文，接著是中國的白話文，最後是日文，在這段屢屢更迭的艱辛旅程中，台灣人同樣恭逢世界文學反帝、反封建的主流，留下許許多多絢爛的篇章。（請參閱〈文學革命對台灣的影響〉）

至於鈴木氏所提到的「遊離於日常生活之外的智識階層文學」——筆者以爲其所指應是所謂的自叙體小說或唯美主義文學，以台灣當時長久處於殖民統治下的生活窘境而言，根本不可能出現這些作品，作者至少應該對此略做追述才是。

總而言之，此時此刻台灣人應該深深領略文學活動的必要性與有效性，但我們也不得不承認，文學活動發展的停滯，大部分應歸因於語言轉換的問題。

「口語」及「書寫文字」之間的落差

『酒家』的女性通常都以台語進行日常生活的對話，原因很簡單，因爲她們一出生就在學習台語、使用台語的環境中成長，然而說來悲哀，嚴格地說，台語並沒有專屬的『文字』系統，雖然用漢字可以表達出大略的意思，但是大約有十分之一的詞彙無法用任何漢字表現。台灣人之所以沒有機會發展出自己的文字，原因在於過去的統治者日本人爲了對台灣人施行『皇民化』政策，根本不願意讓台灣人擁有自己的文字，至於『光復』之後，台灣人理所當然地被劃歸為中國人，學習中國話成了語言政策唯一的方針。」（七二～七三頁）一如鈴木氏所指的，「口語」跟「書寫文字」之間的落差，的確是台灣人最大的致命傷。

我們的先人曾經為了彌補這項缺憾，耗費了莫大的心神，這一點吾輩絕對不可或忘。舊有的古漢文跟不上時代，而新生的中國白話文又不合用，所以有一段時期，有關台語文表記法的討論可謂衆口喧騰，無奈在滿州事變爆發後，總督府卻以此為藉口，大肆鎮壓這股台語文字化運動，從此台語書寫文字的發展便進入一段永無止境的黑暗期。

然而我們的前輩們並未因此而氣餒，當年輕一代逐漸嫻熟日文之後，他們挾帶著較諸漢文、中國白話文更高的文字技巧，延續了反帝、反封建的精神傳統，再次綻放出令日本人瞠目咋舌的台灣文學的花朵。

其實文學最重要的關鍵在於心靈，技巧好壞反在其次。寫作者只要善選個人擅長的表現方式即可，如果台語能力確實有問題，年輕一代同樣能夠培養自身的中國語能力，以此延續台灣文學生生不息的命脈。只要他們不失去台灣人的意識，就跟過去學習日語一樣，中國語文的學習同樣值得鼓勵，這並沒有什麼好憂慮的。

至於散居海外的台灣人，同樣能夠在自己所居住的國家，直接或間接以台灣為題材，進行小說的創作，打出自己的名號，藉此，同樣能夠對台灣島內產生影響力。

就舉筆者最熟悉的日本來說吧！像日本這麼重視文學活動，同時對文學創作者如此推崇的國家可說舉世少有。而且居住在這裏的台灣人人數高達兩萬數千人以上，其中有不少人的日語能力與本地人相彷，有的甚至更在日本人之上。

因此筆者想說的是，大家應該好好反省一下，爲何旅日台灣人當中，至今仍未產生任何一位文學家？（遺憾的是，邱永漢曾獲得直木賞殊榮，後來卻走入「歧途」，名聲盡掃落地，這一點確實讓人惋惜。到頭來，他甚至連做一名文學創作者也不夠資格。）

反觀黃俊雄的「布袋戲」，我們可以把它視爲「口語文學」的最高表現。他的出現，不禁讓筆者回想起戰後到二二八事件發生前的那段時期，有不少充滿正義感的熱情台灣青年以使用日語爲恥而展開一波波用台語發音的戲劇活動，希望帶動社會大眾的新思潮。（請參照《台灣年鑑》，民國三十六年六月，台灣新生報社發行，〈演劇〉二〇頁。）

雖然戲劇在腳本初擬階段同樣必須面對「書寫文字」的問題，但是當時原作者可以直接向人數少的演員傳達他的概念，因此縱使書寫工具有所缺憾，也不至於造成太大的困擾。（如果要將腳本公開發行的話，則必然面對同樣的問題。）

儘管在人類的戲劇史上曾經出現莎士比亞或莫里哀等不朽的大家，但畢竟不是文學的主流，其呈現難免要受到時間與場地的約束，在政治效果的擴散與持續上，的確有不敵小說之處。因此我們雖然樂於見到黃俊雄在布袋戲舞台上的活躍，但內心仍深切期盼台灣人的文學活動能更加蓬勃發展，無論是島內或海外皆然。

蔣經國眞的值得信任嗎？

鈴木氏在「如今，蔣經國統治下的台灣……」(一八一～二〇一頁)的章節中，對蔣經國的聲望及台灣人意識的改變有堪稱詳細的報導。事實上包括鈴木氏在內，絕大多數的外國人都習慣從這個角度來推斷台灣未來的發展。

文中除了對蔣氏推行官紀整頓、起用台籍知青及改革農村等「德政」多所介紹，還提到如下的一段文字——「有人說：『蔣經國施政的重點，已經從過去的對大陸政策或黨內元老身上，逐漸轉移到台灣身上了。』另外也有人認爲：『這將使他眞正成爲台灣——"中華民國"的實權者。』至少他的這些作風，確實讓台灣人產生這樣的感覺——『爲台灣如此拚命的人，至少不會將台灣出賣給"中共"吧！』」(一九八～一九九頁)

中國人有句俗諺說：「狡兔三窟」，對蔣經國而言，台灣是他目前手中最後僅存的政治資本，無論他將來打算在島上長居，或跟中國做進一步的接觸與談判，促進台灣社會本身的發展都是必要且有效的策略。因此，以聯盟的角度而言，我們亦不否認蔣經國這次確實有心帶動台灣的發展，但是他的目的絕非如此單純——僅爲和台灣共存亡而努力，這一點我們必須在此提出鄭重的警告。

如果蔣氏果眞有意全心爲台灣的話，爲何他至今還不願徹底進行獨裁政體的改革，以永絕對岸中國揚言「解放台灣」的藉口。

表面上看來，蔣經國至今仍不願鬆口談「國共合作」，似乎頗能符合一般台灣人的要求，但筆者曾經在一次偶然的機會中，親耳聽到台籍高級官員詳細剖析兩岸的現況，最後得出「國共合作」目前非「不願爲」，實爲「不可爲」也。筆者自然不會放過這個機會，立刻打蛇隨棍上，追問是否有「使之不敢爲」的空間，結果對方當下愣住，不知該如何回答。

一般台獨運動者對這些台籍高級官員多半抱持嚴厲批判的立場，事實上，這些人的確可說是典型的「台灣人的中國化」的例子。但是筆者並不認爲這些人只是單純爲了個人的榮華富貴才投身蔣經國麾下，從許多細節上可以看出，他們在側身蔣政權的中樞機關之後，有意無意地試圖打破第三次「國共合作」可能成局的機會，使蔣政權「不敢」冒然爲之。至少就目前的情況來看，他們的努力是成功的。不過話說回來，他們的努力究竟有幾分成效，其實連他們自己也沒有把握。

就事實而論，蔣經國本身能夠主導的部分亦十分有限，除了政權內部的權力傾軋之外，還得加上國際關係上的處處掣肘，因此在諸多內外因素的制約之下，勉力維持現狀可能已經大不容易。另一方面，中國本身亦處於極不穩定的情況中，這對台灣安全也有不小的助益。除了政權遞嬗所帶來的危機之外，中蘇之間亦處於一觸即發的狀態，再加上華美條約存在的威脅，造成對岸至今仍無法對台灣出手。

然而，這只能說是不幸中的大幸，誰也不敢保證這種恐怖平衡究竟能夠維持到什麼時候？無論從歷史演進的角度，或是從戰後國際關係折衝的角度，甚至從絕大多數住民的心願來看，台灣都應該與中國分離，步上獨立國家的道路。

爲了達到這個理想，「中國化的台灣人」應該與「台灣化的中國人」同心協力，讓蔣經國永遠沒有機會，也不敢妄想踏出「國共合作」的第一步。即便在體制內活動，應該也不難達成這個目的。而我們這些散佈海外的台獨運動者，同樣應負起海外運動者的任務與責任，發揮應有的重要意義與作用。

（刊於《台灣青年》第一六三期）

（賴青松譯）

台灣版的《大地》

——張文環《滾地郎》*

眞高興張文環氏依然健在。

在筆者印象中，曾有數位活躍於日本時代的台灣人作家，自張文環算起，有楊逵、呂赫若、龍瑛宗、周金波諸氏，這些人在蔣政權的統治之下，停筆的停筆，離世的離世，如今不論在台灣或日本，都已經是被人淡忘的一群。（戰後於日本成名的吳濁流，其實不屬於日本時代的作家。他的代表作品都在戰後才陸續發表。）

根據底頁的介紹，張氏生於明治四十三年，今年應是六十五歲。張氏於戰後當選台中縣參議員，其後歷任能高區署長、台灣人壽保險公司嘉義分社社長、彰化銀行霧峰分社社長。從銀行退休後，現任中美股份有限公司總經理、日月潭國際大飯店負責人。其生活已然與文學兩無相涉。

儘管如此，張氏仍不忘琢磨日文，悄悄地構築文思，勤奮寫作。今夏渡海來日，終於出版了他的小說集。

張氏對文學的熱愛與堅持，令人感銘。在拜金思想盛行，又籠罩著深沈無力感的台灣社會，能有此堅持，實在難能可貴，呈現出鮮明的生命姿態。

小說的舞台是一九三〇年代的嘉義市近郊，一個叫做梅仔坑庄的農村。全篇小說就是一齣農民的鬧劇。老實說，筆者對這篇小說的題旨有一些失望。筆者原來期待張氏經過了三十年的沈潛之後，在東京發表的這一部日語小說，應該能夠以文學之力，在政治的領域裡轟然引爆日本社會，然後襲捲台灣。結果卻是徹徹底底地失望了。

然而逐字讀來，筆者才意識到自己泛政治化的心態，開始深自反省。張氏在限制重重的環境下，能夠書寫的題材自然相當有限，因此能提出這樣的成績，已經是竭盡了最大的努力。此外，在台灣幾乎看不到以農民爲主體的小說，這一部《滾地郎》實在可稱得上是台灣文學史上一項偉大的成就。

暫且不管作品的政治或文學史意義，光看內容便覺十分流暢幽默。連拙荊都沈迷得不得了，捨不得將書闔上片刻。書中許多趣味十足的形容詞如「鴨子聽雷」等，乃是直譯自台灣話；而主角「石頭公」讓我的頭殼也像石頭一樣堅硬」的祈禱，相信會讓所有台灣讀者都發出會心的一笑。

讀過這篇作品，會讓讀者們嚮往台灣農村牧歌般的生活。在小說中登場的幾對男女的愛情悲喜劇裡，每一個場景都像南國的空氣那麼爽朗清新。

男主角陳啓敏，是保正（百戶之長）陳久旺因爲膝下無子而領養來的養子。根據台灣習俗，膝下無子的人領養孩子可以帶來生子的運氣。保正家在領養陳啓敏之後，果然立刻生下了聰穎的孩子陳武章。如此一來，陳啓敏雖然在戶籍上是長男，卻受到家人冷落，小學時自己從公學校輟學，甘願做陳家田地的看守人，自力更生。

另一方面，女主角王秀英在滿周歲時就許配給轎夫王明道之子王仁德，也就是王家的童養媳。兩人像兄妹般被拉拔長大。成人後的王仁德任職於嘉義市某汽車公司，並與董事長夫人的表妹結婚。在一次回鄉下拜拜的晚上，王仁德侵犯了正在沐浴的秀英，產下一女阿蘭。阿蘭每天的工作便是到陳啓敏的小屋所在的內山去揀柴；也就因爲阿蘭的因緣，陳啓敏與王秀英結合在一起。這就是小說的梗概。

養子也好、童養媳也好，與其說是台灣古來之習俗，不如說是陋習。小說中的男女主角不幸成爲這些陋習下的犧牲者，卻不因此喪氣，仍然積極自得地過生活。作者淡淡寫來，並不特意批判封建制度，也無意爲下層階級的不幸大聲疾呼。但是，作者內心的義憤卻能實際傳達到讀者的心底。這樣的小說，應該可以稱得上是上乘之作了。

習俗不可一概譴責，畢竟習俗是在相對應的社會條件下形成的。因此，習俗在農村、農民裡，遠比在都市、智識階級之間有更深遠的影響。你可以將這種現象名之爲「農村、農民的落後性」，卻也不能否認農村是台灣的聖域，農民乃是開拓台灣的要角。

皇民化運動對台灣人的毒害，在台、日兩地多有論評。然而從這篇小說中可以看到，皇民化運動對農民們而言是「天高皇帝遠」，除了固守自己的生活方式、生活態度外，皇民化運動只彷彿在農村上頭略略掃過。例如，被弟弟（擔任公學校訓導）擅自改名爲「千田眞喜男」的陳啓敏，雖然從此被叫成「千田兄」，並未因此招來全村異樣的眼光。總之，這就是在地上爬行的卑微人物的頑強性格吧。

那麼，在蔣政權的統治下又如何呢？遺憾的是這篇小說只寫到日本敗戰之前，十七歲的甜姐兒阿蘭結婚，夫婿林貴樹戰死，陳啓敏也在刺激之下猝死便結束了。

然而筆者最有興趣的是，生活在猛虎苛政下的農村裡，成了寡婦的阿蘭和秀英這對母女，又如何去度過三十年艱困的歲月呢？在此衷心期盼張氏的第二部作品盡早問世。

（刊於《台灣青年》第一八二期）

（賴青松譯）

＊張文環《地に這うもの》，現代文化社，一九七五年。

爲戰前日本士兵請命

——加藤邦彥《一視同仁的結果——戰前台灣兵的境遇》*

加藤邦彥一九三五年生於高雄，長於高雄，戰後與台灣的日本人一同撤回日本。其父曾經擔任公學校的校長，校內一位名叫李西科的教員被派往菲律賓作海軍特別志願兵，是歷劫歸來的生還者之一。

戰後，李西科旅行日本時與加藤的父親重逢。加藤聽聞他們談論戰時的種種，「業已散逸的台灣印象又急速聚攏，開始凝結成清晰的畫面。孩提時代片片斷斷的記憶，全都在日本與亞細亞的歷史中復甦。」（後記）

從此以後，加藤開始了他的訪問之旅。他前後四度來台，訪問曾當日本士兵、替日本出征的台灣人及其遺族。他的足跡踏遍台灣全島，不但拍攝了許多照片，還完成大約五十小時的訪問錄音。加藤曾經將彙整資料發表在報刊上，也在市民集會發表演說，然而最憚精竭慮的心血之作，乃是這部報告書。

本書的內容分爲：

近日，鄧盛先生因爲是前年「台灣人原日本兵補償問題思考會」（東京都世田谷區代田五－二六－一九、商談代表＝宮崎繁樹）提出「十三人、六千五百萬圓戰爭死傷求償」訴訟案的原告之一，於二月來日出庭應訊。《台灣青年》二三一號業已對此事進行過相關介紹，各大報章媒體上也曾有大幅報導，因此筆者對這件事並不陌生，但其他的事實，筆者乃是透過本書才得知，在驚訝之餘，更感到義憤填膺。

台灣施行徵兵制（四五年一月）以前，被徵作軍伕、軍屬（後勤人員）、志願兵的，泰半是農村的下層民衆。他們在公務人員和警察的淫威之下，沒有門路也不懂得要小聰明逃避兵役，就這麼乖乖簽下了同意書和志願書，默默上了戰場，可說都是很歹運的人。雖然在殖民統治下，人們的生活都一樣難過，但他們卻是最可憐的一群。直到如今，這些遭遇卻還無法獲得平反。

在台灣已經成立了若干要求賠償的相關團體，但是彼此之間相互掣肘，尚無法團結一致對政府發揮影響力。

一如前述，日本現今以「思考會」爲中心，帶動了替戰前台籍日本兵的求償運動，但他們主張的，是以正義和人道立場對昔日的同胞、戰友給與補償，並不關心過去在台灣所發生的事。加藤的立場則是比較「鑽牛角尖」的——他意在糾舉日本殖民統治台灣的罪惡，揭發「一視同仁」政策的虛僞，而賠償只不過是贖罪的一種手段罷了。

遣返的進步的文化人之中，不乏像加藤一般批判日本殖民地統治的人。但不可思議的是，從來也沒聽說過這些人爲補償問題張開尊口。或許「台灣人的幸福之道就是被祖國中國統一」這個多年教條才是「吾黨所宗」，賠償只不過是小事一樁罷了。

與書末的兵役關係資料相對照，回溯四位台灣人的「軍歷」之後，可以發現本書自成一部獨特的日本統治史。而這些人一邊期待著不知何時到來的賠償，一邊忍受著歲月慢慢煎熬的日子，簡直就是下層台灣民衆悲慘的戰後史記錄。每思及此，不禁令人黯然。

＊加藤邦彥《一視同仁の果て——台灣人元軍屬の境遇》，勁草書房，一九七九年五月三十一日出版。

（刊於《台灣青年》第二二六期）

（賴青松譯）

揭露「封建法西斯中華帝國」的眞相

——瀧澤毅《中國革命之虛相》*

一般而言，台灣人對中國過份無知。許多人之所以憧憬或懼怕中國，正是這種莫名其妙的「中國情結」所造成的。讀此書，非但可以幫助吾人一掃這種「中國情結」，更讓人深深感受到：不生爲中國人，是一件多麼幸運的事。

筆者並不清楚作者瀧澤氏的生平經歷，但可想見他是一位不折不扣的日本社會主義者。他在書中如此自剖：「長久以來，我也曾誤以爲中國是一個色彩鮮明的信奉馬列主義的社會主義國家，直到見識了文革時期的暴力與破壞（死傷約一億人），又看到後來中國變質與變節的諸多事例，數年前終於認清：不可將中國看成一個馬列主義的社會主義國家。」（頁九）

出於對「被出賣的革命」的義憤，作者決心揭開虛假的中國革命，讓毛澤東以降，華國鋒、鄧小平等領導人的錯誤與墮落赤裸裸地袒現。這在一向傾向中國、頻頻示好的日本媒體界，實在需要莫大的勇氣。雖然如此，本書並沒有流於如蔣政權之流的情緒謾罵。作者博引國內外諸多文獻資料，以嚴謹的科學方式求證，立論極具說服力。

本書由八個部分組成：

第一章　毛澤東與其他「朝臣」們

第二章　「中國社會主義」之消滅

第三章　「封建法西斯體制」之成立

第四章　中國經濟基礎之衰退

第五章　論「國民經濟發展十年計劃」

第六章　中國人民的生活與意見

第七章　頽廢與錯誤的中國

追　記　關於「中越紛爭」

作者在各章逐一揭露一般人以爲輝煌不朽的中國革命，事實上只是虛有其表；然後預言華鄧體制下的「四個現代化」終將失敗。

作者認爲，一個「馬列主義的社會主義國家」必需具備以下七項要件：

一、勞動階級、農民已經在政治上掌權，並且其實質權力正在擴張。

二、勞動階級、農民的自由、民主、經濟、文化層面的生活都獲得改善。

三、實行社會主義的計劃經濟，並使經濟穩定發展。

四、是一個與帝國主義、資本主義鬥爭毫不退讓的國家。

五、實行普羅國際主義。

六、致力於防止世界戰爭。

七、解放遭受他國侵略的土地，以解放被壓迫同胞爲職志。

我們以此標準逐一檢視這七項要件。首先，關於「勞動階級、農民的實權」一項——中國的政治權力自解放以來，始終掌握在以毛澤東爲中心的若干特權集團手上。勞動階級或農民大衆的代表從來未曾「壓倒性」地掌握政治實權。

黨或中英政府幾乎不存在純粹的勞工與農民，這是另一項事實。僅憑毛澤東的一句遺言，就決定了由華國鋒接任黨主席的位子。「杭州事件」（一九七五年春、夏）、「天安門事件」（一九七五年四月）裡的血腥鎭壓，在在證明權力並不屬於「主人翁」的這一邊。

再說「勞動階級、農民的自由、民主、經濟、文化層面的生活獲得改善」——在中國，勞工、農民全無選擇職業或工作場所的自由。不但如此，各級選舉裡都缺乏像「無記名投票」這種民主方式的基本保障制度，在一九七五年的中國憲法裡，甚至隻字不提。

中國普羅大衆的生活從五〇年代末期至今，非但沒有任何改善，反而每況愈下。以文化而言，在鄧小平第一次復出（文革後期）之後，中國的文藝「一花獨放」，大衆被強灌乏味的「革命模範劇」，九億人口之中，每年的大學畢業生還不足二十萬人（日本約一百萬人），教育水準甚低。尤其不應忘記，文革時期，中國的大學、高中教育已是停擺狀態。

第三點關於「社會主義的計劃經濟」——衆所皆知，中國的黨、政府機關自六〇年代起即封鎖一切與經濟相關的主要數字、數據。六〇年代初期，承繼毛澤東於五〇年代末期「大躍進」、「人民公社」政策的毀滅性失敗（一九七八年的北京壁報紙上記載，當時全國餓死的人數約兩千萬），中國從農業、工業起，所有的經濟活動都陷入混亂與低迷的悲慘時期。

封鎖一切數字、數據的目的，也是爲了對內外掩蓋此時期中國經濟的慘澹程度。與此同時，也停止公佈中國的人口數字。人口不但是一國經濟、生產的基本數字，其總數、增加率、人口內容的分類，對於經濟的計劃、實施、評估與政策制定上，都是不可或缺的基本數據。如此掩蓋中國的經濟、人口具體數據，至少在這一段全面封鎖的時期內，意味著社會主義的計劃經濟從不曾存在於中國。

至於作者如何看待中國的台灣政策，毋寧是吾人最爲關切的話題。這一點在第七項——「解放遭受他國侵略的土地」裡，有詳細的論說。筆者在此試引其中重要的部分：

中國的領導人自始認爲「台灣是中華人民共和國神聖領土的一部分」，因此囂囂然嚷著「一定要解放台灣」。關於台灣的領土歸屬問題，國際上已經多所立論，然而以下的論點或許頗具參考價值：中華人民共和國與原來在大陸上的蔣介石國民政府作戰，將國民政府逐出後，在大陸建立政權——因此原本就不曾統治過台灣。自稱統治了中國大陸，所以新中國也擁有台灣主權云云的論調，全然不合邏輯。

稍具論據的說法也只有：「清朝便統治過台灣」或者「同一民族便是一個國家」等等，若不是過於情緒化，便是理由過於抽象。將從前接受同一個封建帝王統治的史實拿來作現代領土主權的論據非但有問題，一個民族分成二、三個國家的事例也隨處可見。若是中國的領導人們打算「解放」台灣，勢必只能託詞：以馬列主義解放中華民族在台灣的勞動階級、農民大衆，把在中國的無產階級革命實行到台灣去。

然而，中國的領導人自毛澤東以來，距離解放中國已過了大約三分之一個世紀，有誰曾在台灣內部興起過類似的革命？……光是大聲嚷嚷著「解放台灣」，光是每天向金門、馬祖投擲幾百發的砲彈和傳單……中國眞有打算親自解放台灣嗎？——許多冷靜的中國研究學者對這個問題都抱持懷疑的態度。（頁五六～五七）

作者進一步批判「中美關係正常化」與「台灣問題和平解決」的保證，其實隱藏著中國是「世界最強的帝國主義」。「這裡不僅看不出中國領導者講求原則的形象，也看不出『台灣是中國神聖領土』的原則。」

此外，近來頻頻呼籲蔣政權與中國領導人「和平對話」的可能性也不切實際。萬一和平對話眞的落實，台海兩岸成爲「妥協而後結合」的態勢，將意味著第三次國共合作時代的到來。如此，近三十年來數億中國人民爲了民主主義革命、社會主義革命所獻上的「刻苦奮鬥」將瞬間化爲泡影，中國現代史一舉逆轉，退回「國共合作」的舊社會體制裡去。（頁五九）

至於台灣人是否希望被「解放」或「統一」，或者「第三次國共合作」之後，台灣人將何去何從……，似乎都不在作者的考量裡了。

本書最精彩的部分，莫過於深入剖析中國領導階層的政治行爲與生活實態。

中國的政治上層結構，至少在一九五八年「人民公社」、「大躍進」前後至今的這一段期間，具有若干顯著的特徵：

一、黨政高層在政治、政策上意見若有分歧，從來不會以科學的方式辯論究明。

二、因此，若是這樣的政治與政策，終將歸於失敗，且也不作科學的分析反省，對人民的責任模糊不清。

三、政治、政策的對立，往往將同志的關係轉化成「階級鬥爭」，一時間大加撻伐，目不暇給。多數的情況是，不管是攻訐的或是被砲轟的，都能維持其政治上層人種的地

位於不墜。這種政治形態可以稱作是「人民當家的社會主義政治」嗎？（頁九七～九八）

就算從不自我批判，也有諸多政要名流會在某一天突然再度得勢、復權。這也是中國的政治上層階級僅有的現象。那麼，這些不經自我批判就復權的人（例如鄧小平與舊實權派的政要）在重新掌握權力之後，是否會批判從前將他們放逐、迫害的人物呢？答案是否定的（例如毛澤東、華國鋒、吳德等）。換言之，在社會主義國家（資本主義世界亦然）推行的「過錯↓自我批判↓復原」這個民主方式，同時也是人性寬容面的基本原則，卻在中國政治的上層階級（也僅限上層階級）被置換成「過錯↓一定期間的沈默↓復原」。（頁九六）

一九七八年十一月號稱「北京大字報騷動」中，一個署名吳文的，在大學報上將中國的政治體制稱作「封建法西斯中華帝國」，另外也出現諸如「家長式的法西斯體制」、「封建法西斯體制」等等稱呼，如此形容實在貼切。（頁九九）

此所謂「封建式的統治者特權意識」，在日常生活中又是以何種方式展現呢？作者另闢一節「榮枯只在咫尺之差」，專文談論這個部分：

毛澤東生前起居所在——北京中南海宅邸之豪華，在他死後被《北京週報》、《中國畫報》以照片向全世界公開介紹，毛妻江青形同「女皇帝」般的豪奢也廣爲人知。

然而，除了毛澤東夫妻「帝王・皇后」般豪奢的生活外，外界並不清楚其他的中國權力領導階級是否同樣享有優渥的生活。我們可以從與日本關係親近的中國高官（作者在此指的是廖承志吧）的私生活一窺端倪。關於此事，筆者曾求證於數位認識中國高官的日本政、財界人士。據聞，他們的宅邸與日本前首相福田的私人宅邸規模相當，至於寬敞得足可停放十輛車的前庭，則遠非福田宅邸所能及。宅邸內部都是西式建築，冷、暖氣完備，屋內有沖水馬桶、西式彈簧床、德國製的鋼琴、美國GE大型冰箱、高級收音機、日製大尺寸電視機、同型的全套音響……。有日本客人前來，隨即一一奉上宇治茗茶、江戸前壽司、日本酒、泉屋餅乾、虎屋羊羹……。還風聞這位高官前年過逝的高堂，到死爲止，只抽美國的三五牌雪茄。

毛澤東夫妻二人的收入合計一三〇〇人民幣（約合二十萬日圓），的確負擔得起超豪奢的生活，但這位高官只是一介普通的黨中央委員，僅因位居國家要職（目前的收入大約四百人民幣＝約五萬日圓），便過著前述豪華的生活。這類事實透露出：中國的高位、高官們可以過著比規定的收入還要豐裕數倍、數十倍的生活，多少可以行使一些手段享受特權……。如此看來，現今華（國鋒）鄧（小平）政權的掌權者該有多麼地「享受」，圍繞在他

們身邊的中、上層幹部有多麼豪奢，也不難臆測了。（頁二一〇～二一二）

在此，不禁令人想起香港的中國知識份子的喟嘆：

> 中華民族二千年的歷史上，最鮮明的政治形態就是「帝王制」。六十多年來，中國雖在名目上廢除了帝王制，實際上帝王制的餘毒依然支配著歷來政治領袖的腦袋。從袁世凱起，蔣介石、毛澤東等，個個一旦掌握了統治權，便至死不稍鬆手。「民主政治」一詞，僅僅是中國知識份子朦朧的理想，從過去到現在，都不曾在現實的政治場上開花結果。（謝善元〈歷史與現實——論蔣經國先生競選總統〉，收錄於《明報月刊》一九七八年十二月號）

在這些統治者之下的中國人處境堪憐。但是常言道：「政治總是切近該國的國情」，貧窮落後又有龐大人口的中國，它的宿命或許就是歷代只能產生出這樣的領導者吧。

但台灣不同。台灣物質富裕且現代化，台灣人豈能甘受這種領導者的統治？爲此，台灣一定要堅決抗拒中國的併呑，獨立建國。讀完此書之後，我更如此堅信。

（刊於《台灣青年》第二二九期）（賴青松譯）

＊瀧澤毅《中國革命の虚像》，三一書房，一九七九年五月出版。

殖民統治架構的解剖

——黃昭堂《台灣總督府》*

筆者過去一直盼望能見到一本介紹日本殖民統治台灣五十一年的專書，對台灣總督府的架構與運作做一個全面性的解析，沒想到黃昭堂氏終於爲筆者實現了這個心願。黃氏身爲聯盟日本本部的委員長，事務繁忙自不在話下，令人驚訝的是，他竟然能撥出額外的時間，在這個議題上費心鑽研，確實讓人佩服。

總督與民政（總務）長官是台灣殖民統治的兩個最高權力者，在日本政治圈的角力中，歷任總督與民政長官的任免命運如何？他們又留下了什麼政績？再者，在不同的時代背景之下，台灣人民又對其採取何種應對之道？此外，在台灣人的抵抗背後，總督府的施政又產生了哪些影響……。

無論是當時遭受統治的台灣人，或是站在統治地位的日本人，甚至於到今天還在享受餘惠的中國人，都與此關係密切，而且也抱持著高度的關心，然而爲何過去這個題目卻一直未見搬上枱面呢？

幾乎所有日本人都有一種錯覺，以為日本放棄台灣之後，台灣終得以回到祖國的懷抱。至於台灣人方面，由於受到蔣政權教育的影響，也有不少人認為「日本的統治是一場惡夢」。這個中國人對此更為反感，許多人壓根兒不想提這件事。在種種偏見或心理因素的影響下，這個議題一直無法得到應有的正視。唯有具備獨立的心靈與科學的精神，也就是台灣人中的台灣人，才能夠勇敢地挑戰這段無法抹滅的史實。

有許多日本時代的台灣人曾針對台灣人本身進行個別題目的研究與成果發表，並且留下不少回憶錄。這些工作當然也深具歷史意義，但是對於昔日統治台灣的中樞重鎮——台灣總督府，這麼一個至為基礎且單純的題目，為何始終成為眾人迴避的遺珠，叫人百思不解。

筆者以為關鍵應在對台灣史的認識不清所致。在四百年的台灣史上，台灣總督府的統治確實有其不可抹煞的重大意義。正因為有這段時期打下的基礎，現在的蔣政權才有機會據台頑抗三十餘年，並且長期造成台灣與中國之間的離心作用。在筆者十七年前所完成的作品《台灣—苦悶的歷史》（昭和三十九年一月，弘文堂）中，便曾經公開標榜如是的台灣史觀。在介紹日本時代的篇章之中，筆者還特意加上了副標題「現代化的漩渦」，這次藉由黃氏的力作，再度證實了自己的觀點。就筆者個人的觀點來看，本書最主要的重點應在於以下這段論述——「台灣住民明確地認知自己身為『台灣人』的這個事實，其實正是始於日本統治之後。」黃昭堂對此還特別加以說明。

第一，在日本佔領台灣之後，曾經給予台灣人選擇國籍的自由，不願意留在台灣的人可以自行離去，而對台灣抱持情感者則可選擇留下。

第二，在中國大陸上，直到中華民國建國之後，才逐漸形成所謂的「中國人意識」，相對而言，台灣人卻早在十多年前便已接受日本人的統治，因此雙方在這方面根本沒有共同的體驗。

第三，在台灣進入工業化之後，中國地區卻仍舊維持傳統的農業社會，生活方式的重大差異也造成彼此意識上的乖離。

第四，不可否認地，儘管在殖民地的框架限制下，台灣社會仍保有一定的「法律與秩序」，反觀同時期的中國，卻陷入軍閥割據及無以復加的戰亂中，直到一九五〇年代以後，中國才眞正建立起一個名實相符的統一國家。

第五，從淸帝國朝廷到孫文的革命勢力，甚至辛亥革命之後的歷代中國政府，無一不爲了強化自身的權力，汲汲營營於迎合日本帝國，從來未將台灣人民反殖民統治的努力放在眼中。在總督府這個龐大堅固的統治架構之下，台灣人民只得獨自承受這一切，任憑時間刻劃下這一段鬥爭與同化的血淚歷史。

在以上種種複雜交錯的因素相互作用之下，「台灣人」的自我認同意識終於在日本時代正式宣告成形。

不過在此必須釐清的是，「殖民地內絕無德政」向來都是筆者的最高信念。只是話說回來，單是批判殖民者的打壓與剝削行爲，也無法眞正深入問題的核心，任何殖民統治的型態，都無法迴避不合理的打壓與剝削。筆者並不否認舉發殖民者的打壓與剝削行爲確實是一件重要的工作，但是檢視殖民統治的過程中，究竟遺留下哪些功過與影響，似乎更具有建設性。如此一來，後人也才能夠從歷史的正反兩面去檢討這些殖民統治的功與過。此時最重要的應屬立場選擇的問題，就台灣的情況而言，理所當然應該從台灣人的角度來思考！

一六八三年，台灣有史以來首次被納入中國（清帝國）的版圖，但實質上其地位無異於福建省的殖民地。「殖民地內絕無德政」這句話在此同樣應驗。所以當清帝國在日清戰爭中失利之後，幾乎毫不考慮地便答應將台灣割讓給日本。

那麼現在的情況呢？毫無疑問是蔣政權的殖民地。失去祖國的兩百萬中國難民寄生在一千六百萬的台灣人民身上，同時爲所欲爲地遂行各種打壓與剝削的行爲。它以二二八的大規模屠殺行動使台灣人徹底屈服，再利用戒嚴令的名目斷然實施極權統治，連台灣人最起碼的民主要求也無法接受，動輒加諸叛亂罪之名，這些都是殖民統治不容否認的證據。

台灣總督府的成立與支配，正好夾在這兩個時代之間，從這些論述可知，無論是日本人的「回到祖國懷抱」之觀點，或台灣人的「一場惡夢」之說，都是極爲膚淺且失當的看法。過去筆者曾提出「縱與橫的比較論」（一〇一頁），其實亦不無可能，遙遠的清帝國時代暫且按下不提，單就日本時代與現在來做比較，筆者反倒認爲日本時代的情勢較爲明朗。關於這一點，黃昭堂也在書中提及：「這個時代，無論從任何角度來看，統治者都是百分之百的異民族，殖民統治當局也從未試圖隱瞞這個事實。」(二〇頁)如今蔣政權卻口口聲聲高唱什麼「同胞」、「同樣都是炎黃子孫」，實際上卻執行徹徹底底的異民族統治，這種做法實乃陰險狡滑之至，台灣人也因此蒙受雙重的侮辱。

有一位定居橫濱的台灣耆老曾經向筆者感歎道：「過去在日本時代，無論採取任何反政府行動，只要先翻一翻六法全書，就能知道自己將遭受什麼罪名的處分，可是現在的情況不同，誰也不知道自己會落得什麼下場！」

著名的小說家楊逵在日本時代曾因筆禍入獄十次，然而刑期總計未超過一年。沒想到在一九四八年，卻只因寫了一篇主張自由與民主的文章，被判處十年的徒刑。此外，創立台灣共產黨的謝雪紅在戰爭期間也曾因違反治安維持法被捕，然罪名尚不至死。反觀現在，不知有多少所謂的「共產主義者」或「台獨份子」如草芥般地被無情殺害！

回到我們的運動上來看，在日本時代，敵我的分際十分清楚。台灣人蔑稱日本人爲「狗」或「四腳仔」，藉以激發同志們同仇敵愾的心理。然而現在卻無意識地稱呼統治者爲「外省人」，相對於此，自己便成了「本省人」，而「中國人」便自然而然地成爲其上層概念，既然大家同樣都是中國人，反抗的敵我之心便不由得消滅大半了。

我們不妨比較一下日本時代的《台灣青年》與現在的《台灣青年》。這份由東京的台灣留學生所創立，專事批判總督府施政的政論雜誌，居然還能夠得到林獻堂、林熊徵及顏雲年（甚至包括辜顯榮在內）等島內有力人士的資金奧援，之後陸續依情勢所需，發展爲《台灣》、《台灣民報》與《台灣新民報》，在台灣人之間起了意見領袖的作用。然而現在的《台灣青年》卻苦於無法凝聚台灣人的整體力量，對島內的影響也大不如前。

其主因在台灣人意識尚未昇華爲台灣民族主義，台灣人對於自身的歷史瞭解不足，對現實面的認知亦過於淺薄，反觀敵人卻不停地大肆傳佈中華思想的毒素，企圖徹底摧毀台灣人的精神面，以眼前的情況而論，我們不得不承認這個戰略相當成功。

縱使它未如筆者思考至如此深刻的層面，但是對於許多「歷史的經驗者」而言，這本書的確發揮了引人追憶的巨大效果。發行不到兩個星期便立刻再版，即爲最佳的證明。

以筆者個人爲例，我出生在第九任總督內田嘉吉、賀來佐賀太郎總務長官在位期間，從「末廣幼稚園」到台北高校爲止，一直在島內接受日本教育。筆者還記得在台北高校就讀期間，全體在校生曾經在總督官邸接受第十八任總督長谷川清的訓話，當時的高校生流行將總督府諢稱作「阿呆塔」，不過真要來到總督的面前，只見每個人都像見著貓的老鼠一般，再也不敢作怪。戰後，某次在東京的國營電車上發現對方手握吊環搭車的身影，一時間按捺不住心中的激動，趨身上前向他一叙慰藉之意。昭和十九年初夏，爲了躲避盟軍的空襲，筆者從東京返回台灣，是年秋天，便在嘉義市役所庶務課人事科任職。雖說主要是爲了躲避兵役，但是也因此見識到鄉下的庶務課長與市長那股威風八面、不可一世的嘴臉，當時自己心想，這只不過是台灣總督府轄下的末端機構罷了，那麼總督府裏的那些達官顯要，其跋扈囂張的情形更不用說了。

最後筆者想在此提出一些個人的淺見，在一六四頁所提及的「杜春新」，其實應爲「杜新春」之誤植，至於他曾經「通過行政科考試」一說亦非全然錯誤，但看來應是黃昭堂所引用之原始資料有誤所致。杜新春其人乃出身集集，有高砂族人血統。他先後畢業於八高及京都帝大，在學期間確曾通過行政科及司法科的高等文官考試，由於行政官一途難免受到日籍上司的掣肘，最後他還是選擇了法官的道路。

筆者之所以對此瞭若指掌，說來簡單，因爲杜氏乃筆者的大姊夫，當他還在京大求學時，父親便對其甚爲賞識，提供他求學所需，我們兄弟二人亦受到他莫大的影響。由於他酷愛以收音機收聽棒球比賽的實況轉播，跟在他身邊，我才頭一次知道有東京六校棒球聯誼賽的存在。亡兄王育霖當時即以他爲榜樣，同樣走上研讀法律的道路，由於台灣出身的法官爲數不少，因此他希望能成爲檢察官，在昭和十八年，他終於順利地成爲第一位台籍檢察官（京都地檢）。

此外，杜新春還曾經發生過這麼一件插曲。某次，杜氏與筆者家人四、五名同行前往台南市的宮古座看戲，沒想到席間來了個不速之客，是個酒醉的日本人，莫名其妙地想霸佔我們看戲的包廂，結果雙方爭執不下，對方惱火之下竟然出言恐嚇：「你們這些傢伙！知不知道我是誰？我可是台南州的……」此時，只見姊夫不慌不忙遞上一張名片，說道：「這樣嗎？這是我的名片。」沒想到對方的酒意似乎瞬間退盡，連忙打躬作揖，悄悄地退到外頭去了。此時館內不禁響起一陣如雷的喝采與掌聲，筆者至今仍記得那一幕。或許這件事著實替台灣人出了滿腹怨氣，到後來以訛傳訛的結果，竟然有人說杜新春在眾人面前賞了日本人一記耳光，這反倒讓筆者大吃一驚了。遺憾的是，當筆者還是中學生時，杜新春便以四十二歲的英年早逝，這似乎也預告著筆者家道衰落的開端。

（刊於《台灣青年》第二四八期，一九八一年六月五日）

（賴青松譯）

* 教育社，一九八一年四月十五日發行。

Ong Iok-tek

Ong Iok-tek

Ong Iok-tek

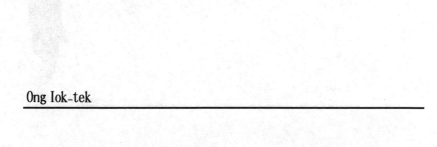

Ong Iok-tek

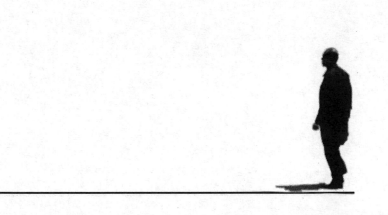

王育德年譜

1924年 1月	30日出生於台灣台南市本町2-65
30年 4月	台南市末廣公學校入學
34年12月	生母毛月見女史逝世
36年 4月	台南州立台南第一中學校入學
40年 4月	4年修了，台北高等學校文科甲類入學。
42年 9月	同校畢業，到東京。
43年10月	東京帝國大學文學部支那哲文學科入學
44年 5月	疎開歸台
11月	嘉義市役所庶務課勤務
45年 8月	終戰
10月	台灣省立台南第一中學(舊州立台南二中)教員。開始演劇運動。處女作「新生之朝」於延平戲院公演。
47年 1月	與林雪梅女史結婚
48年 9月	長女曙芬出生
49年 8月	經香港亡命日本
50年 4月	東京大學文學部中國文學語學科再入學
12月	妻子移住日本
53年 4月	東京大學大學院中國語學科專攻課程進學
6月	尊父王汝禎翁逝世
54年 4月	次女明理出生
55年 3月	東京大學文學修士。博士課程進學。

57年12月	『台灣語常用語彙』自費出版
58年 4月	明治大學商學部非常勤講師
60年 2月	台灣青年社創設，第一任委員長(到63年5月)。
3月	東京大學大學院博士課程修了
4月	『台灣青年』發行人(到64年4月)
67年 4月	明治大學商學部專任講師
	埼玉大學外國人講師兼任(到84年3月)
68年 4月	東京大學外國人講師兼任(前期)
69年 3月	東京大學文學博士授與
4月	昇任明治大學商學部助教授
	東京外國語大學外國人講師兼任(→)
70年 1月	台灣獨立聯盟總本部中央委員(→)
	『台灣青年』發行人(→)
71年 5月	NHK福建語廣播審查委員
73年 2月	在日台灣同鄉會副會長(到84年2月)
4月	東京教育大學外國人講師兼任(到77年3月)
74年 4月	昇任明治大學商學部教授(→)
75年 2月	「台灣人元日本兵士補償問題思考會」事務局長(→)
77年 6月	美國留學(到9月)
10月	台灣獨立聯盟日本本部資金部長(到79年12月)
79年 1月	次女明理與近藤泰兒氏結婚
10月	外孫女近藤綾出生
80年 1月	台灣獨立聯盟日本本部國際部長(→)
81年12月	外孫近藤浩人出生

82年	1月	長女曙芬病死
		台灣人公共事務會(FAPA)委員(→)
84年	1月	「王育德博士還曆祝賀會」於東京國際文化會館舉行
	4月	東京都立大學非常勤講師兼任(→)
85年	4月	狹心症初發作
	7月	受日本本部委員長表彰「台灣獨立聯盟功勞者」
	8月	最後劇作「僑領」於世界台灣同鄉會聯合會年會上演，親自監督演出事宜。
	9月	八日午後七時三〇分，狹心症發作，九日午後六時四二分心肌梗塞逝世。

王育德著作目錄

（行末●爲〔王育徳全集〕所收册目）

黃昭堂編

1　著書

1 『台湾語常用語彙』東京・永和語学社，1957年。 ❻
2 『台湾——苦悶するその歴史』東京・弘文堂，1964年。 ❶
3 『台湾語入門』東京・風林書房，1972年。東京・日中出版，1982年。 ❹
4 『台湾——苦悶的歴史』東京・台湾青年社，1979年。 ❶
5 『台湾海峡』東京・日中出版，1983年。 ❷
6 『台湾語初級』東京・日中出版，1983年。 ❺

2　編集

1 『台湾人元日本兵士の訴え』補償要求訴訟資料第一集，東京・台湾人元日本兵士の補償問題を考える会，1978年。
2 『台湾人戦死傷，5人の証言』補償要求訴訟資料第二集，同上考える会，1980年。
3 『非常の判決を乗り越えて』補償請求訴訟資料第三集，同上考える会，1982年。
4 『補償法の早期制定を訴える』同上考える会，1982年。
5 『国会における論議』補償請求訴訟資料第四集，同上考える会，1983年。
6 『控訴審における闘い』補償請求訴訟資料第五集，同上考

える会，1985年。

7 『二審判決"国は救済策を急げ"』補償請求訴訟資料速報，同上考える会，1985年。

3 共譯書

1 『現代中国文学全集』15人民文学篇，東京・河出書房，1956年。

4 學術論文

1 「台湾演劇の今昔」，『翔風』22号，1941年7月9日。

2 「台湾の家族制度」，『翔風』24号，1942年9月20日。

3 「台湾語表現形態試論」（東京大学文学部卒業論文），1952年。

4 「ラテン化新文字による台湾語初級教本草案」（東京大学文学修士論文），1954年。

5 「台湾語の研究」，『台湾民声』1号，1954年2月。 ❽

6 「台湾語の声調」，『中国語学』41号，中国語学研究会，1955年8月。 ❽

7 「福建語の教会ローマ字について」，『中国語学』60号，1957年3月。 ❾

8 「文学革命の台湾に及ぼせる影響」，『日本中国学会報』11集，日本中国学会，1959年10月。 ❷

9 「中国五大方言の分裂年代の言語年代学的試探」，『言語研究』38号，日本言語学会，1960年9月。 ❾

10 「福建語放送のむずかしさ」，『中国語学』111号，1961年7月。 ❾

11 「台湾語講座」，『台湾青年』1～38号連載，台湾青年社， ❸

1960年4月～1964年1月。

12 「匪寇列伝」,『台湾青年』1～4号連載，1960年4月～11月。 ⓮

13 「拓殖列伝」,『台湾青年』5，7～9号連載，1960年12月，61年4月，6～8月。 ⓮

14 「能吏列伝」,『台湾青年』12，18，20，23号連載，1961年11月，62年5，7，10月。 ⓮

15 "A Formosan View of the Formosan Independence Movement," *The China Quarterly,* July-September, 1963.

16 「胡適」,『中国語と中国文化』光生館，1965年，所収。

17 「中国の方言」,『中国文化叢書』言語，大修館，1967年所収。 ❾

18 「十五音について」,『国際東方学者会議紀要』13集，東方学会，1968年。 ❾

19 「閩音系研究」(東京大学文学博士学位論文)，1969年。 ❼

20 「福建語における『著』の語法について」,『中国語学』192号，1969年7月。 ❾

21 「三字集講釈(上)」,『台湾』台湾独立聯盟，1969年11月。 ❽
「三字集講釈(中・下)」,『台湾青年』115，119号連載，台湾独立聯盟，1970年6月，10月。

22 「福建の開発と福建語の成立」,『日本中国学会報』21集，1969年12月。 ❾

23 「泉州方言の音韻体系」,『明治大学人文科学研究所紀要』8・9合併号，明治大学人文研究所，1970年。 ❾

24 「客家語の言語年代学的考察」,『現代言語学』東京・三省 ❾

堂，1972年所收。

25 「中国語の『指し表わし表出する』形式」，『中国の言語と文化』，天理大学，1972年所収。 ❾

26 「福建語研修について」，『ア・ア通信』17号，1972年12月。 ❾

27 「台湾語表記上の問題点」，『台湾同郷新聞』24号，在日台湾同郷会，1973年2月1日付け。 ❽

28 「戦後台湾文学略説」，『明治大学教養論集』通巻126号，人文科学，1979年。 ❷

29 「郷土文学作家と政治」，『明治大学教養論集』通巻152号，人文科学，1982年。 ❷

30 「台湾語の記述的研究はどこまで進んだか」，『明治大学教養論集』通巻184号，人文科学，1985年。 ❽

5　事典項目執筆

1 平凡社『世界名著事典』1970年，「十韻彙編」「切韻考」など，約10項目。

2 『世界なぞなぞ事典』大修館書店，1984年，「台湾」のことわざを執筆。

6　學會發表

1 「日本における福建語研究の現状」1955年5月，第1回国際東方学者会議。

2 「福建語の教会ローマ字について」1956年10月25日，中国語学研究会第7回大会。 ❾

3 「文学革命の台湾に及ぼせる影響」1958年10月，日本中国学会第10回大会。 ❷

4 「福建語の語源探究」1960年6月5日，東京支那学会年次大会。 ❾

5 「その後の胡適」1964年8月，東京支那学会8月例会。

6 「福建語成立の背景」1966年6月5日，東京支那学会年次大会。 ❾

7　劇作

1 「新生之朝」，原作・演出，1945年10月25日，台湾台南市・延平戯院。

2 「偸走兵」，同上。

3 「青年之路」，原作・演出，1946年10月，延平戯院。

4 「幻影」，原作・演出，1946年12月，延平戯院。

5 「郷愁」，同上。

6 「僑領」，原作・演出，1985年8月3日，日本，五殿場市・東山荘講堂。 ⓫

8　書評（『台灣青年』掲載，数字は號數）

1 周鯨文著，池田篤紀訳『風暴十年』1 ⓫

2 さねとう・けいしゅう『中国人・日本留学史』2 ⓫

3 王藍『藍与黒』3 ⓫

4 バーバラ・ウォード著，鮎川信夫訳『世界を変える五つの思想』5 ⓫

5 呂訴上『台湾電影戯劇史』14 ⓫

6 史明『台湾人四百年史』21 ⓫

7 尾崎秀樹『近代文学の傷痕』8 ⓫

8 黄昭堂『台湾民主国の研究』117 ⓫

9 鈴木明『誰も書かなかった台湾』163 ⓫

10　張文環『地に這うもの』180　⑪
11　加藤邦彦『一視同仁の果て』226　⑪
12　滝沢毅『中国革命の虚像』229　⑪
13　黄昭堂『台湾総督府』248　⑪

9　論文（各誌）

1　「台湾演劇の確立——栄光に輝く茨の道」，『中華日報』文芸版，1946年3月21日。　⑪
2　「文学革命と五四運動」，『中華日報』文芸版，1946年4月19日。　⑪
3　「封建文化の打破——台湾青年の進むべき道」，『中華日報』文芸版，1946年6月7日。　⑪
4　「孔教の再認識」（上）（下），『中華日報』文芸版，1946年7月26日，8月1日連載。　⑪
5　「彷徨へる台湾文学」，『中華日報』文芸版，1946年8月22日。　⑪
6　「内省と前進の為に——台湾人の三大欠点」，『中華日報』文芸版，1946年9月5日。　⑪
7　「見合結婚に就て」，『中華日報』文芸版，1946年9月21日。　⑪
8　「三伯英台在台湾」，『華僑文化』（神戸），1953年12月，1954年1月号連載。　⑪
9　「台湾光復後的話劇運動」『華僑文化』（神戸），1954年4月。　⑪
10　「連雅堂で想うこと」，『台湾公論』4号，1959年12月。　⑭
11　「ある台湾独立運動者の主張」，『世界』1962年4月号。　⑫
12　「自由を愛する諸国民に訴える」，『新勢力』1962年4月号。　⑫
13　座談会「引き裂かれた民族」，『現代の眼』1962年11月号。　⑫

14 「台湾独立運動の真相」，国民政治研究会講演録，1962年6月8日。 ⓬
15 「日本の台湾政策に望む」，『潮』1964年新春特別号。 ⓬
16 「日本の隣国を見直そう」，『高一コース』1964年6月号。 ⓬
17 「台湾独立への胎動」，『新時代』1964年7月号 ⓬
18 「台湾の独立運動強まる」，『全東京新聞』1442号，1964年2月19日。 ⓬
19 「ライバルの宿命をもつ日中両国」，『評』1965年4月号。 ⓬
20 「日本・中国ライバル論」，『自由』，1965年7月号。
21 「反面教師」，『日本及日本人』1970年陽春号。
22 「ひとつの台湾」，『経済往来』1971年2月号。
23 「台湾人の見た日中問題」，『評論』1971年5月15日号。
24 座談会「ある独立運動の原点」，『東洋公論』1971年8月。
25 「台湾は愁訴する——島民の苦悩と独立運動の将来」，日本政治文化研究所，政治資料，102号，1971年9月。 ⓬
26 「中華民国から『台湾共和国』に」，『新勢力』1971年11月号。
27 「台湾人は中国人と違う——民族を分ける4世紀の歴史」，『台湾』台湾独立後援会，4号，1973年1月15日。
28 「台湾は台湾人のもの」，『自由』1973年2月号。 ⓬
29 「日中正常化後の在日華僑」，『電子経済』1973年3月号。
30 座談会「台湾人の独立は可能か」，『東洋公論』1973年5月号。
31 「台湾人元日本兵の補償問題」，『台湾同郷会新聞』1981年3月1日号。 ⓬

32　「台湾と日本」，『瑞穂』9号，1981年7月。
33　「台湾を見棄ててよいか」，『さきもり』1982年1月号。

10　『台灣青年』論文・隨筆(数字は號數)

1　「台湾の新聞かく安保闘争を論ず」3　⓭
2　"Cua wu khi Tapani"4　❺
3　「パスポートを取り上げられるの記」5　❿
4　「兄王育霖の死」6　❿
5　「謝雪紅の教訓」6　⓮
6　「破産に瀕せる台湾の教育」8〜9，11，17，21，25連載　⓭
7　「国府は沖縄の日本復帰に反対する」9　⓭
8　「寓話と堕した『大陸反攻』——蔣経国の矛を以って蔣介石の盾を攻む——」9　⓭
9　「呉主恵，この唾棄すべき文化幫間」13
10　「台南の2・28と私」15　⓮
11　「台僑は独立の母」24　❿
12　「兄の死と私」27　❿
13　「『偏安』映画の標本——『薇薇的週記』を見て」30　⓭
14　「台湾民族論」35〜37連載　⓬
15　「編集長を辞めて」38　❿
16　「劉明電に見る中華人民共和国系台湾人の意識構造」158
17　「祖国台湾」(詩)161　⓫
18　「2・28の台湾史的意義」162　⓮
19　「台湾ハ古ヨリ中国ニ属セズ」162
20　「この愚かしくも哀れなる『祖国救済幻想』——『林歳徳氏の生活と意見から』——」165

11　詩・小説

國家圖書館出版品預行編目資料

創作&評論集／王育德著，邱振瑞等譯. 初版. 台北市：
前衛，2002［民91］
352面；15×21公分.

ISBN 957-801-347-7(精裝)

1.小說、劇本、札記與書評

011.69 91004254

創作&評論集

日文原著／王育德

漢文翻譯／邱振瑞等

責任編輯／邱振瑞・林文欽

出版者

前衛出版社

地址：106台北市信義路二段34號6樓

電話：02-23560301 傳眞：02-23964553

郵撥：05625551 前衛出版社

E-mail：a4791@ms15.hinet.net

Internet：http://www.avanguard.com.tw

社　長／林文欽

法律顧問／南國春秋法律事務所・林峰正律師

總代理

旭昇圖書公司

地址：台北縣中和市中山路二段352號2樓

電話：02-22451480 傳眞：02-22451479

獎助出版／財團法人|國家文化藝術|基金會 National Culture and Arts Foundation

贊助出版／海內外【王育德全集】助印戶

出版日期／2002年7月初版第一刷

Copyright © 2002 Avanguard Publishing Company

Printed in Taiwan ISBN 957-801-347-7

定價／300元